Karl Sigmund
John Dawson
Kurt Mühlberger

Kurt Gödel

Karl Sigmund
John Dawson
Kurt Mühlberger

Kurt Gödel

Das Album
The Album

Bibliographic information published by Die Deutsche Bibliothek
Die Deutsche Bibliothek lists this publication in the Deutsche Nationalbibliographie;
detailed bibliographic data is available in the Internet at <http://dnb.ddb.de>.

Prof. Dr. Karl Sigmund
Universität Wien
Fakultät für Mathematik
Nordbergstraße 15
1090 Wien, Austria
E-Mail: karl.sigmund@univie.ac.at

Prof. Dr. John Dawson
Penn State York
Information Sciences and
Technology Center
1031 Edgecomb Ave
York, PA 17403, USA
E-Mail: jwd7@psu.edu

HR Kurt Mühlberger
Archiv der Universität Wien
Postgasse 9
1010 Wien, Austria
E-Mail: kurt.muehlberger@univie.ac.at

First edition, April 2006

All rights reserved
© Friedr. Vieweg & Sohn Verlag | GWV Fachverlage GmbH, Wiesbaden 2006

Editorial office: Ulrike Schmickler-Hirzebruch | Petra Rußkamp

Vieweg is a company in the specialist publishing group Springer Science+Business Media.
www.vieweg.de

Photographs on the cover reproduced from originals in the Princeton University Library
on deposit by the Institute for Advanced Study, Princeton, New Jersey.
Cover design: Ulrike Weigel, www.CorporateDesignGroup.de
Layout and typesetting: Christoph Eyrich, Berlin
Printing and binding: Wilhelm & Adam, Heusenstamm
Printed on acid-free paper
Printed in Germany

ISBN-10 3-8348-0173-9
ISBN-13 978-3-8348-0173-9

Inhalt

Geleitwort – *Preface*

Daß Kurt Gödel der größte Logiker des Zwanzigsten Jahrhunderts war, das wissen inzwischen nicht nur die Mathematiker. Es hat sich im Lauf von Jahrzehnten langsam, aber sicher herumgesprochen. Man hat Gödel sogar mit Aristoteles, dem Begründer der klassischen Logik, verglichen.

Aber was bedeutet das für eine Kultur, die von der mathematischen Grundlagenforschung kaum eine blasse Ahnung hat? Die wenigsten können die umwälzende Bedeutung von Gödels Ideen ermessen. »Über formal unentscheidbare Sätze der Principia Mathematica und verwandter Systeme« steht dem Laien kein Urteil zu, und doch ahnt, wer diesen Text aus dem Jahre 1931 studiert hat, daß damit etwas Entscheidendes geschehen ist. Vermutlich hätte sich sein Autor gegen die weitreichenden erkenntnistheoretischen Schlüsse verwahrt, die Nicht-Mathematiker aus seinen Überlegungen gezogen haben. Mangel an Stringenz! Kategorienfehler! Spekulatives Denken! Aber ist das verboten? Hat nicht Gödel selbst sich an einem Gottesbeweis versucht? Beginnt sein eigenes Werk nicht mit einer Grenzüberschreitung? Liegt nicht darin das Faszinosum seiner Wissenschaft? Und ist es nicht ein Indiz von Gödels Größe, daß seine Ideen in die philosophische Weltkultur eingesickert sind? Daß es dabei zu methodischen Unschärfen, zu Mißverständnissen, zu divergierenden Interpretationen kommt, ist unvermeidlich. Auch Darwin und Einstein sind solche Weiterungen nicht erspart geblieben. Es gibt keine Wissenschaft ohne Risiken und Nebenwirkungen. Und wer weiß, vielleicht richten sie nicht nur Schaden an. Im besten Fall können sie sich sogar als produktiv erweisen.

It is not only mathematicians who recognise that Kurt Gödel was the greatest logician of the twentieth century. This view has spread slowly, but surely over the decades. Gödel has even been compared to Aristotle, the founder of classical logic. But what does this mean for a civilization with hardly any notion of pure mathematical research? Only a few can fathom the revolutionary significance of Gödel's ideas. Lay persons cannot pass judgement "On formally undecidable propositions in Principia Mathematica and related systems", and yet anyone who has ever studied this text, written in 1931, must realize that something decisive has happened. Its author would probably have protested against the far reaching epistemological conclusions that non-mathematicians have derived from his investigations. Lack of stringency! Confusion of categories! Speculative thinking! But is this forbidden? Did not Gödel himself attempt a proof of the existence of God? Did he not start by crossing a boundary? Isn't this the reason why his work fascinates us so much? And is it not an indication of Gödel's greatness that his ideas have infiltrated philosophical discourse throughout the world? This has unavoidably led to methodological impurities, misunderstandings and diverging interpretations. Even Darwin and Einstein have not been spared such transgressions. There is no science without risks and side-effects. And who knows, maybe they do not only cause harm. They may even turn out to be productive.

Hans Magnus Enzensberger

Einleitung – *Introduction*

Erstens: die Welt ist vernünftig – Kurt Gödel, Mathematiker

Time Magazine reihte ihn unter die hundert wichtigsten Personen des zwanzigsten Jahrhunderts. Die Harvard University verlieh ihm das Ehrendoktorat für die Entdeckung »der bedeutsamsten mathematischen Wahrheit des Jahrhunderts«. Er gilt allgemein als der größte Logiker seit Aristoteles. Sein Freund Einstein ging, nach eigener Aussage, nur deshalb ans Institut, um Gödel auf dem Heimweg begleiten zu dürfen. Und John von Neumann, einer der Väter des Computers, schrieb: »Gödel ist tatsächlich absolut unersetzlich. Er ist der einzige Mathematiker, von dem ich das zu behaupten wage.«

Doch wie Hans Magnus Enzensberger in einem Brief an Gödel schreiben konnte: die Welt weiß erstaunlich wenig über seine Person. Kurt Gödel war von Jugend an ein stilles Wasser. Auch seine engsten Kollegen ahnten nichts von seinem Privatleben. In späteren Jahren zog er sich zunehmend zurück und verkehrte fast ausschließlich übers Telefon. Seine Entdeckungen werden seit fünfzig Jahren immer wieder erläutert, zum Teil in Meisterwerken populärwissenschaftlicher Darstellung. Gödels berühmter Unvollständigkeitssatz gehört zum Fundus gebildeter Konversation: zugleich schleppt er eine scheinbar unaufhaltsam anschwellende Last an Missbrauch und Fehlinterpretation mit sich. Auch darüber wurden bereits Bücher geschrieben.

Das Ziel dieses Buchs ist bescheidener. Es soll eine leichtverdauliche, einfache und anschauliche Einführung bieten, gedacht für jene, die sich für die menschlichen und kulturellen Aspekte der Wissenschaft interessieren. Ausgangpunkt des Buches waren die Vorbereitungen zu einer Ausstellung über Kurt Gödel, aus Anlass seines hundertsten Geburtstags. Eine Ausstellung hat etwas von einem Spaziergang an sich, und gerade das wollen wir bieten: einen Spaziergang mit Gödel. Albert Einstein genoss solche Spaziergänge sehr. Man kann also Gödel genießen – Kurt Gödel hat Unterhaltungswert.

Die Aura des Geheimnisvollen und Unverständlichen, die Kurt Gödel umgibt, scheint auf den ersten Blick paradox: selten hat ein Denker sein Werk klarer dargestellt, und auch an biographischem Material herrscht kein Mangel. Gödel, von Kindesbeinen an ein Markensammler, hatte sich offenbar frühzeitig angewöhnt, nichts leichtfertig wegzuwerfen, weder Rechnungen noch Postkarten noch Prospekte. An den beiden Brennpunkten seines Lebens, der Universität Wien und dem Institute for Advanced Study in Princeton, findet sich eine umfangreiche Dokumentation seiner beruflichen Laufbahn. Gödels Nachlass ist sorgsam gepflegt, und die fünf Bände seiner Gesammelten Werke sind ein Musterbeispiel herausgeberischer Sorgfalt.

Und doch, sowohl Gödels Person als auch seine Entdeckungen bleiben schwer zu fassen. Er ragt wie ein Fremdkörper ins zwanzigste Jahrhundert.

Dabei war seine engere Umgebung geradezu die Speerspitze ihrer Epoche. Sowohl die logischen Positivisten des Wiener Kreises, als auch die Wissenschaftler in Princeton gehörten zum Modernsten, was das zwanzigste Jahrhundert zu bieten hatte. So beruht etwa die Entwicklung des Computers durch Alan Turing und John von Neumann auf mathematischer Logik und formalen Systemen, deren unbestrittener Großmeister in jenen Jahren Gödel war. Der Unvollständigkeitssatz, den er als Vierundzwanzigjähriger entdeckt hatte, lang bevor es programmierbare Computer gab, ist ein Satz über die Grenzen von Computerprogrammen.

Gödel bewies, dass es in jeder mathematischen Theorie, die reichhaltig genug ist, um das Zählen, Addieren und Multiplizieren zu erlauben, wahre Sätze gibt, die nicht bewiesen werden können – es sei denn, die Theorie enthält einen Widerspruch. Schlimmer noch: man könnte sicher sein, dass sie einen Widerspruch enthält, wenn es innerhalb der Theorie gelänge, ihre eigene Widerspruchsfreiheit zu beweisen. Wie Hans Magnus Enzensberger in seiner *Hommage à Gödel* schreibt: »Du kannst deine eigene Sprache in deiner eigenen Sprache beschreiben: aber nicht ganz.« Das klingt recht plausibel, aber Gödel hat daraus einen Satz der Mathematik gemacht. Es gelang ihm, eine philosophische Aussage in ein mathematisches Theorem zu verwandeln. In diesem Sinn hat Gödel für die Philosophie etwas Ähnliches gemacht, wie Newton für die Physik.

Auch die beiden anderen großen Entdeckungen Gödels sind von atemberaubender Kühnheit. Er hat einen grundlegenden Beitrag zur Mengenlehre geliefert, also dem Studium des Unendlichen, ein Fach, das nicht zu Unrecht als »Theologie für Mathematiker« bezeichnet wird. Gödel gelang damit die Hälfte der Lösung des so genannten Kontinuumproblems, der Nummer Eins in der Liste der mathematischen Probleme seines Jahrhunderts. Und er hat bewiesen, dass Einsteins Relativitätstheorie Reisen in die eigene Vergangenheit grundsätzlich erlaubt. Richtig verdaut haben das die Kosmologen noch heute nicht. In einer Randbemerkung hält Gödel fest, dass die Zeitrichtung bei der Landung des Reisenden wieder dieselbe ist, also nicht verkehrt abläuft wie in einem falsch eingelegten Film. Wie beruhigend!

Diese gedanklichen Extremtouren forderten von Gödel einen hohen Zoll. Immer wieder durchlebte er schwere psychische Krisen und Zusammenbrüche. Er verbrachte viel Zeit in Nervenheilstätten. Der Direktor seines Instituts bezeichnete ihn in einem offiziellen Schriftstück als Genie mit psychopathischen Zügen. Immer wieder wurde Gödel von der Angst heimgesucht, vergiftet zu werden, und schließlich starb er an seiner konsequenten Weigerung, Nahrung aufzunehmen.

In der Zeit zwischen seinen Anfällen, oder »Zuständen«, wie er es nannte, konnte er ein spaßiger und ungemein anregender Gesprächspartner sein. Aber sein enger Freund Oskar Morgenstern vermeinte, in Gödels Gegenwart sofort den Hauch einer anderen Welt zu spüren. Gödel wusste selbst, dass viele seiner Ansichten in seinem Kreis nicht mehrheitsfähig waren: Er war Platoniker, befasste sich intensiv mit Theologie (der richtigen, mitsamt Gottesbeweisen), und hätte auf einer Zeitreise als erstes wohl Leibniz besucht.

In einer Liste seiner philosophischen Standpunkte vermerkt er: »Erstens, die Welt ist vernünftig«. Das allein klingt schon unzeitgemäß. Was Gödel durchleben musste, war allerdings kaum vernünftig, auch ohne seine »Zustände« und Ängste. Seinem treuen Gesprächspartner Hao Wang klagte er: »Ich passe nicht in dieses Jahrhundert«. Und doch er hat es geprägt, vielleicht eben dank seiner Fremdheit.

First, the World is rational – Kurt Gödel, mathematician

Time Magazine ranked him among the hundred most important persons of the twentieth century. Harvard University made him a honorary doctor "for the discovery of the most significant mathematical truth of the century". He is generally viewed as the greatest logician since Aristotle. His friend Einstein liked to say that he only went to the institute to have the privilege of walking back home with Kurt Gödel. And John von Neumann, one of the fathers of the computer, wrote: "Indeed Gödel is absolutely irreplaceable. He is the only mathematician about whom I dare make this assertion."

But as the German poet Enzensberger once wrote in a letter to Gödel, the world is strangely ignorant about his person. From his youth, Kurt Gödel was quiet and discrete. Even his closest colleagues knew nothing of his private life. In later years he withdrew increasingly, and communicated almost exclusively by telephone. His discoveries have been presented to a broad public, partly in masterpieces of popular science writing. Gödel's famous incompleteness theorem belongs to the arsenal of educated discourse: at the same time, it bears a seemingly ever-increasing load of misuse and faulty interpretation. This too has been the subject of articles and books.

Our book has a more modest aim. It hopes to give a simple, intuitive and easily digestible introduction, meant for readers interested in the human and cultural aspects of science. Its starting point was the preparations for an exhibition on Kurt Gödel, on the occasion of the hundredth anniversary of his birth. An exhibition has some of the properties of a walk, and that is exactly what we want to offer: a walk with Gödel. Einstein loved such walks. Gödel's company can be enjoyed – he has entertainment value.

The aura of weirdness and mystery surrounding Kurt Gödel at first seems paradoxical: few thinkers have explained themselves more clearly, and there is no lack of biographical material. Kurt Gödel, who was a stamp collector from childhood on, obviously acquired at an early age the habit of not throwing anything away lightly, be it postcards, or bills, or advertisements. Extensive documentation of his professional career is to be found at the two focal points of his life, the University of Vienna and the Institute for Advanced Study in Princeton. Gödel's unpublished writings are carefully preserved and the five volumes of his collected works are models of editorial care.

Nevertheless, both Gödel's person and his work remain elusive. He seems not to belong to the twentieth century, to intrude like a foreign body.

By way of contrast, his closer intellectual surroundings represented the avant-garde of their epoch. Both the logical positivists of the Vienna Circle and the scientists in Princeton were among the most thoroughly modern minds produced by the twentieth century. For example, the development of the computer by Alan Turing and John von Neumann is based on mathematical logic and formal systems, two disciplines whose uncontested grand master, in these years, was Kurt Gödel. The incompleteness theorem, which he discovered as a twenty-four year old post-doc, long before any programmable computers existed, was a theorem about the limitations of computer programs, a hard fact about software.

Gödel proved that every mathematical theory rich enough to allow for counting, adding and multiplying contains true statements that cannot be proved – unless the theory harbours a contradiction. Worse still, if one can prove that the theory is consistent, it is not. As Hans Magnus Enzensberger wrote in his Hommage à Gödel: "You can describe your own language in your own language: but not completely". This statement seems reasonable enough, but Gödel managed to translate it into a mathematical proposition.

He succeeded in turning a philosophical sentence into a mathematical theorem. In this sense, what Gödel did for philosophy is similar to what Newton did for physics.

Gödel's other two major discoveries are of a similar breathtaking temerity. He made a fundamental contribution to set theory, the science of infinity, a field that has been called "the theology of mathematicians". Gödel succeeded in solving one half of the so-called continuum hypothesis, the number one on the hit-list of mathematical problems of his century. And he proved that Einstein's theory of relativity, in principle, permits time travel into the past – something that cosmologists, to this day, have not properly digested. Gödel remarks, in an aside, that the direction of time, after landing in the past, is the same as before. Hence time does not run in the opposite direction, like a film spooling backward. So much for comfort!

Gödel's intellectual adventures exacted a high price. He repeatedly suffered from severe psychological crises and break-downs and spent much time in sanatoriums. The director of his Institute described him in an official letter as a genius with psycho-pathological traits. Gödel was haunted by the fear of being poisoned and in the end he died from his determination not to take up any food.

In the intervals between his crises, or "states", as he called them, he could be funny, brilliant and extremely stimulating. But in Gödel's presence his close friend Oskar Morgenstern always felt the chill from another world. Gödel himself was well aware that many of his opinions were not shared by the majority. He was an unadulterated Platonist; he was intensely interested in theology (the real one, with proofs of God's existence); and as a time-traveller he would probably have visited Leibniz first.

In a list of his philosophical principles, he notes: "First, the world is rational". This by itself sounds oddly out of tune with his time. What Gödel had to live through was everything but rational, even without his "states" and fears. As he told Hao Wang in one of their long interviews: "I do not fit into this century". And yet he left his mark on it, maybe precisely because he remained a stranger.

Gödels Leben – *Gödel's Life*

Der kleine Herr Warum – *Little Mr. Why*

Kurt Gödel wurde am 28. April 1906 in Brünn (heute Brno) geboren. Sein Vater Rudolf war Angestellter, später Direktor und Teilhaber der Tuchfabrik Redlich. Die Mutter Marianne, eine geborene Handschuh, stammte aus bürgerlichen deutsch-mährischen Kreisen.

Kurt Gödel was born on 28 April 1906 in Brno. His father, Rudolf, was an employee and later director and co-owner of the textile firm Redlich. His mother, Marianne, née Handschuh, came from the German-Moravian middle class.

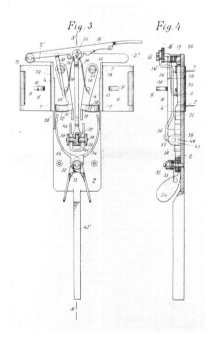

Kurt Gödels Vater brach die Mittelschule ab und wechselte in eine Textilschule. Er erfand einen Schusszähler für Webmaschinen; Kurt Gödel bewahrte die umfangreiche Korrespondenz um das Patentverfahren sein Leben lang auf.

Kurt Gödel's father had dropped out of grammar school and switched to a technical school for the textile trade – apparently to good purpose. He invented a counter for looms. All his life, Kurt Gödel kept the voluminous correspondence concerning patent rights, which were finally granted in the year of his birth.

Kurt und sein um vier Jahre älterer Bruder Rudolf wuchsen in harmonischen Verhältnissen auf. Gödel beschrieb seine Familie als »höheres Bürgertum« (»upper middle class«). Der Vater war praktisch veranlagt, während die Mutter eher kulturelle Interessen pflegte, doch beide kümmerten sich sehr um ihre Kinder. Kurt hieß «der kleine Herr Warum«, denn seine Neugierde war unstillbar.

Kurt and his brother Rudolf, four years his senior, grew up in harmonious circumstances. Gödel would later describe his family as upper middle class.
The father had a more practical vein whereas the mother's interest were more refined, but both devoted much care to their bright boys. The family called Kurt "little Mr Why" – his inquisitive turn of mind was not to be overlooked.

Kindheit am Spielberg – *The Spielberg Playground*

Als Kurt sieben war, übersiedelte die Familie in eine Villa am Südhang des Spielbergs, der die Stadt überragt; die Festung galt im 18. und 19. Jahrhundert als meistgefürchteter Kerker der Donaumonarchie.
Mit acht erkrankte Kurt an rheumatischem Fieber. Laut seinem Bruder Rudolf, einem Arzt, verursachte die Krankheit eine lebenslange Hypochondrie.

When Kurt was seven, the family moved to a villa on the south of the Spielberg, Brno's dominating landmark (a fortress that, during the 18th and 19th centuries, was the most dreaded dungeon in the Habsburg empire). At the age of eight, Kurt fell ill with rheumatic fever. According to his brother Rudolf, a medical doctor, the illness caused a lifelong hypochondria.

Kurt besuchte die Evangelische Volksschule, dann das Staatsrealgymnasium in deutscher Unterrichtssprache in der Wawrelgasse, nahe der Firma seines Vaters. Er und sein Bruder lernten niemals tschechisch.

Kurt went to a protestant elementary school, then to a public gymnasium in Wawra street close to his father's firm. Instruction was in German and the two brothers never learned Czech.

Katalog-Nr. *21.~*   Schuljahr 191*6/7.~*

Semestral-Ausweis

für

~ Gödel Kurt ~   , Schüler der *ersten*

Betragen	*sehr gut.*
Religionslehre	*sehr gut.*
Deutsche Sprache (als Unterrichtssprache)	*sehr gut.*
Lateinische Sprache	*sehr gut.*
Französische Sprache	*–*
Geschichte	*–*
Geographie	*sehr gut.*
Mathematik	*gut.*
Naturgeschichte	*sehr gut.*
Chemie	*–*
Physik	*–*
Freihandzeichnen	*sehr gut.*
Schreiben	*sehr gut.*
Turnen	*sehr gut.*
Böhmische Sprache (rel. obligat)	
Stenographie (....Kurs)	
Gesang (....Kurs)	

Brünn, am *10. Februar* 191*7.~*

Reg. Rat. ... Schneeberger...   *Prof. J. Kunz*
Direktor.   Klassenvorstand.

Notenskala.

Betragen	sehr gut	gut	entsprechend	nicht entsprechend
Fortgang	sehr gut	gut	genügend	nicht genügend

In Kurts Schulzeugnissen findet man nur die Note »sehr gut«, mit einer einzigen Ausnahme, einem »gut« in Mathematik (Kurt war damals elf). Sonntagsausflüge (im Chrysler mit Chauffeur) führten in die nähere Umgebung, die Schulferien in Nobelkurorte wie Marienbad oder Abbazia.

Kurt's school records contain only the best marks, with one single exception – a second best in mathematics (he was eleven at the time). Sunday excursions in a chauffeur-driven Chrysler led into the immediate surroundings and school holidays were spent in first-rate spas such as Marienbad or Abbazia.

19

Das Spielberger Stadtwäldchen mit seinen Spazierwegen schloss direkt an den Garten der Gödels an.

The Spielberg forest with its pretty walks was directly adjacent to the Gödel's garden.

In der k.u.k.-Monarchie galt Brünn als »tschechisches Manchester«. Die zwei Bahnstunden nördlich von Wien gelegene Stadt hatte viele deutschböhmische Einwohner und durchlebte einiges an Nationalitätenstreit. Der Schriftsteller Robert Musil verbrachte dort einen Teil seiner Jugend, und der Opernsänger Leo Slezak wuchs im selben Haus wie Gödels Mutter auf. Im Augustinerkloster am Fuß des Spielbergs hatte Abt Gregor Mendel die Gesetze der Genetik entdeckt.

Within the Habsburg empire, Brünn (Brno) was known as the Czech Manchester. Less than two hours by train north of Vienna, the town housed a substantial German-speaking population and experienced its share of nationalistic tensions. The writer Robert Musil spent his youth there and the singer Leo Slezak grew up in the same house as Gödel's mother. In the Augustine monastery at the foot of the Spielberg, abbot Gregor Mendel had discovered the laws of genetics.

Wiener Aufbruchsjahre – *Take-off in Vienna*

Kurt Gödel zog 1924 zu seinem Bruder nach Wien, um an der Universität zu studieren. Das war die nächstliegende und, wie sich im Nachhinein erwies, sicher die passendste Wahl. Die bittere Not der Hunger- und Inflationszeit nach dem Weltkrieg war vorüber, und die Stadt erlebte etwas von den »goldenen Zwanzigerjahren«. Die politischen Verhältnisse blieben aber äußerst gespannt.

In 1924 Kurt Gödel joined his brother in Vienna to study at the University. This was the obvious choice, and with hindsight, it is clear that it also was the best. The post-war years of hunger and inflation were over and the town had its share of the "Golden Twenties". But political tensions remained acute.

Gödel hatte als ordentlicher Hörer der philosophischen Fakultät Physik inskribiert, wandte sich aber unter dem Einfluss zweier außergewöhnlicher Lehrer der Mathematik und Philosophie zu.

Gödel enrolled for physics with the philosophical faculty of the University of Vienna. But under the influence of two remarkable teachers, he switched to mathematics and philosophy.

Als Gödel in seinem letzten Lebensjahr einen Fragebogen ausfüllte (den er nie abschickte), gab er eine unerwartete Antwort auf die Frage: Gab es irgendwelche besonders wichtige Einflüsse auf die Entwicklung Ihrer Philosophie? Gödel erwähnte die Einführungsvorlesungen von Heinrich Gomperz, Professor für Philosophie, und die Mathematikvorlesungen von Philipp Furtwängler. Erstaunlicherweise waren beide nicht Mitglieder des Wiener Kreises.

When in the last year of his life, Gödel filled in a questionnaire (which he never sent off), he gave an unexpected answer to the question: Were any influences of particular importance for the development of your philosophy? He mentioned the introductory lectures of Heinrich Gomperz, professor of philosophy at Vienna, and the mathematics course by Philipp Furtwängler. Remarkably, they were not members of the Vienna Circle.

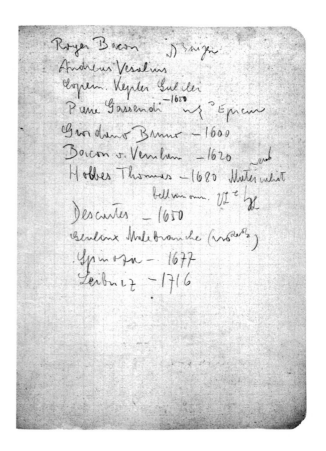

Heinrich Gomperz (1873–1942), der Sohn eines berühmten Altphilologen, hatte bei Ernst Mach promoviert. Sein 1891 gegründeter »Sokratiker-Kreis« war ein früher Vorläufer des Wiener Kreises. Gomperz verband eine hervorragende Kenntnis der griechischen Philosophie mit einer freundlichen, aber durchaus eigenständigen Haltung gegenüber dem Positivismus. 1924/25 hörte Gödel bei ihm die »Übersicht über die Hauptprobleme der Philosophie«.

Heinrich Gomperz (1873–1942), son of a famous philologist, disciple of Ernst Mach, founder of a precursor to the Vienna Circle, combined a profound knowledge of Greek philosophy with a sympathetic independent attitude towards positivism. In 1924/25 Gödel listened to his "Survey on the major problems of philosophy."

Philipp Furtwängler (1869–1940) war einer der bedeutendsten Zahlentheoretiker seiner Zeit. Eine schwere
Krankheit fesselte ihn an den Rollstuhl, er musste in den
Hörsaal getragen werden und konnte nicht an der Tafel schreiben. Seine brillanten Vorlesungen zogen über
400 Hörer an, weit mehr als es Sitzplätze gab. 1924/25
hörte Gödel bei ihm die Einführungsvorlesung über
Differenzial- und Integralrechnung.

*Philipp Furtwängler (1869–1940), one of the most em-
inent number theorists of his time, and a cousin of the
famous conductor, was confined to a wheel chair. He had
to be carried into the lecture hall and could not write on
the blackboard. His brilliant lectures attracted more than
400 students, far more than there were seats. In 1924/25
Gödel attended his introductory course on differential
and integral calculus.*

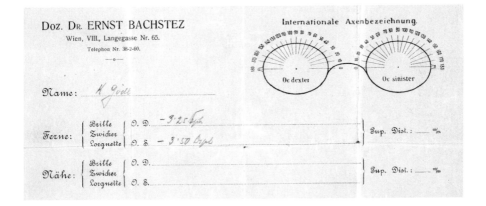

Es gibt nur wenige Bilder von Gödel ohne Brille.

There are few pictures of Gödel without glasses.

Im Wiener Kreis – *Within the Vienna Circle*

In Wien wohnte Gödel immer in stattlichen Miethäusern, üblicherweise nicht weit vom Mathematischen Seminar in der Strudlhofgasse entfernt. Kurt Gödel lebte mit seinem Bruder Rudolf zusammen, der seit 1920 Medizin studierte an der berühmten Fakultät, von der Freud manchmal träumte. Später zog seine verwitwete Mutter zu ihren Söhnen. Erst kurz vor seiner Hochzeit bezog Kurt Gödel eine eigene Wohnung.

In Vienna, Gödel favoured stately apartment buildings, usually not far from the mathematics institute in Strudlhofgasse. This was a district of doctors and academics. Kurt Gödel lived together with his brother Rudolf, who studied medicine at the illustrious faculty Sigmund Freud often dreamt belonging to. Later, Gödel's widowed mother would join her two sons. Kurt set up his own apartment in 1937 only, just before he was married.

Der Mathematiker Hans Hahn und der Philosoph Moritz Schlick, zwei Professoren an der Universität Wien, waren die Leitfiguren des Wiener Kreises, einer einzigartigen Diskussionsrunde von Mathematikern und Philosophen. Gödel besuchte von 1926 bis 1929 regelmäßig die Sitzungen des Kreises, die am Mathematischen Seminar stattfanden.

The mathematician Hans Hahn and the philosopher Moritz Schlick, both professors at the University of Vienna, were the leading figures of the Vienna Circle, a unique discussion group of mathematicians and philosophers. Between 1926 and 1929 Gödel regularly attended the sessions of the Circle, which took place in the mathematics institute.

Gödel befreundete sich mit zwei der jüngeren Mitglieder des Wiener Kreises, Marcel Natkin (unten) und Herbert Feigl (rechts, mit Schlick); noch über 30 Jahre später sollten sich die drei in New York wieder sehen. Gödel schrieb damals seiner Mutter. »Die beiden haben sich kaum verändert. Ob man dasselbe auch von mir sagen kann, weiß ich nicht.«

Gödel's best friends were two of the younger members of the Vienna Circle, Marcel Natkin (below) and Herbert Feigl (right, with Schlick). The three would meet again more than thirty years later in New York and Gödel wrote to his mother: "The two have hardly changed at all. I do not know whether the same can be said of me."

und exakte- Aproximationsmathematisch(Aproximationsmathematik ist
ja eine Contradictio in adjecto) machen würdest. Ich verstehe recht
gut, dass bei dem schönen Wetter der gemütlichen Faulenzerei und
Deinen Widerwillen gegen die Probleme der Einfachheit es Dir einfach fallen wird, dieses Einfachheitsproblem einfach zu lösen. Was
machst Du sonst, Funktionstheorie oder etwas von diesen chinesischen
Tautologien? Zum Trost schicke ich Dir Schlicks Aufsatz, ein Beispiel,
dass man nur über sinnloses Zeug sinnvoll reden kann. Ich weiss nicht,
ob Dir Feigl erzählt hat, von der Unterhaltung Schlicks mit Wittgenstein, in der sie stundenlang sich über Unsagbares gut unterhalten
haben. Aus Gastein werde ich Dir ausführlich schreiben, dann werden

Natkin wrote to Gödel in 1928: "What else are you doing, complex analysis or some of these Chinese tautologies? As consolation I am sending you Schlick's essay, as an example of how one can talk sense only about nonsensical things. I don't know whether Feigl told you how Schlick and Wittgenstein enjoyed themselves for hours talking about the unspeakable . . ."

Prüfungen und Urteile – *Trials and Verdicts*

1929 erhielt Kurt Gödel die österreichische Staatsbürgerschaft. Das politische Leben Österreichs in der Zwischenkriegszeit wurde durch die unerbittliche Gegnerschaft von Christlichsozialen und Sozialisten geprägt. Die Sozialisten besaßen die Mehrheit im »Roten Wien«, wo sie ein Aufsehen erregendes Reformprogramm durchführten. Die Christlichsozialen begründeten ihr Übergewicht in den Bundesländern. Unter dem Bundeskanzler, Prälat Seipel, hatten sie die Währung stabilisiert und einen Wirtschaftsaufschwung eingeleitet. Der Freispruch von Angeklagten, die tödliche Schüsse auf Demonstranten abgefeuert hatten, führte am 15. Juli 1927 zu einem Sturm auf den Justizpalast. Nach dessen blutiger Niederschlagung, die 80 Opfer kostete, hing der Bürgerkrieg wie ein Damo-klesschwert über Österreich.

In 1929, Kurt Gödel acquired Austrian nationality. Political life in Austria between the two wars was dominated by a fierce struggle between conservatives and socialists. The socialists held the majority in "Red Vienna" and were engaged in a costly program of sweeping reforms. The conservatives dominated the Catholic country side. Their chancellor, the prelate Seipel, had stabilised the currency, at the price of harsh measures. A jury's verdict led in 1927 to riots during which the Palace of Justice was set on fire. After the bloody suppression, which claimed eighty victims, a civil war seemed imminent.

26

Café Josephinum

Während des Studienjahres 1927/28 wohnten die Brüder Gödel direkt gegenüber dem Gebäude, das die physikalischen und chemischen Institute und das Mathematische Seminar beherbergte. In den späten Zwanzigerjahren studierte der Schriftsteller und spätere Nobelpreisträger Elias Canetti dort Chemie, und der Schriftsteller Hermann Broch hörte dieselben Mathematikvorlesungen wie Kurt Gödel. Im Miethaus der Gödels befand sich das Café Josephinum, das von Studenten sehr frequentiert wurde und ein beliebter Treffpunkt für die »Nachsitzungen« im Anschluss an wissenschaftliche Vorträge war. Die Mitglieder des Wiener Kreises trafen sich auch oft im Café Arkadenhof, im Café Reichsrat, im Café Central und im Café Herrenhof, die alle mit Tabakrauch und hitzigen Debatten erfüllt waren.

During the year 1927/28 the Gödel brothers lived directly opposite the building that housed the institutes of physics, chemistry and mathematics. In the late twenties, the writer and future Nobel Prize winner Elias Canetti studied chemistry in this building, while the writer Hermann Broch took mathematics courses side by side with Kurt Gödel. The ground floor of Gödel's apartment house was occupied by the café Josephinum, which was frequented by students and academics and hosted the post mortem discussions following scientific talks. Other coffee-houses in which the members of the Vienna Circle met were Café Arkadenhof, Café Reichsrat, Café Central and Café Herrenhof: they were all filled with tobacco smoke and hot debates.

Institutsgebäude der Universität Wien, Strudlhofgasse

In Karl Menger (1902–1985), der bereits 1927 außerordentlicher Professor für Geometrie wurde, fand Kurt Gödel einen Mentor, der seine genialen Leistungen schon früh erkannte.

Karl Menger (1902–1985), who as early as 1927 became associate professor for geometry, soon recognised Gödel's genius and became his mentor.

1929, wenige Monate bevor Kurt Gödel das Doktorat erwarb, starb sein Vater plötzlich.

In 1929, a few months before Kurt Gödel obtained his PhD, his father died unexpectedly.

Feigl wrote to Gödel: "It is only today that I learn of your terribly sad loss ... Poor boy, you must have gone through a difficult time."

In seiner Dissertation löste Gödel zwei Probleme, die in dem zwei Jahre zuvor erschienenen Buch von Hilbert und Ackermann als ungelöst bezeichnet worden waren – eine bemerkenswerte Leistung. Gödel bewies, dass die Axiome für den so genannten engeren Funktionenkalkül ausreichen, um alle allgemein gültigen Aussagen daraus herzuleiten, und dass kein Axiom verzichtbar ist.

In his thesis Gödel solved two problems that had been posed the year before in a book by Hilbert and Ackermann – a remarkable achievement. Gödel proved that the axioms for first-order logic suffice to deduce all universally valid statements and that no axiom can be dropped.

23. II. 1929

010609

...beginnen Dienstag d. 26. ds.
Hahn war, glaube ich, überhaupt nicht krank,
da er ja vor 14 Tagen (am Tag Deiner Abreise)
meinem Vortrag im Gomperzzirkel beiwohnte —
und auch diesen Donnerstag den Schlickzirkel
besuchte, wo er mit Carnap eine interessante
Diskussion über die Einführung der reellen Zahlen
führte. Nachdem ich nicht wußte, ob es Dir recht
sei, habe ich Hahn nicht nach Deiner Arbeit
gefragt. Hast Du ihm nicht geschrieben?

Die von Feigl erwähnte Arbeit war Gödels noch nicht approbierte Dissertation.

Feigl wrote: "I believe that Hahn has not been ill at all, since he listened to my lecture in the Gomperz circle, some 14 days ago (the day of your departure) and also attended the Schlick circle Thursday this week, where he had an interesting discussion with Carnap about the introduction of real numbers. Since I was not sure whether you would have agreed, I did not ask Hahn about your paper. Didn't you write to him?"
The paper mentioned was the thesis that Gödel had submitted for his PhD.

Die Dissertation wurde in den *Monatsheften für Mathematik und Physik* publiziert, die Gödels Doktorvater Hahn herausgab.

The PhD thesis was published in the Monatshefte für Mathematik und Physik, *a scientific journal edited by Hans Hahn.*

In the CV that Gödel had to submit for his PhD, he mentions the lectures by Hahn, Furtwängler, Schlick, Gomperz and Carnap, and highlights his own interest in "that field between mathematics and philosophy which knew such active developments through the works of Hilbert, Brouwer, Weyl, Russell, and others."

The verdict of Gödel's PhD adviser Hahn: "The paper is a valuable contribution to logical calculus, fulfils in all parts the requirements for a PhD thesis, and its essential parts deserve to be published." In his next report on Gödel's work, Hahn would be obliged to adopt a tone somewhat less matter-of-fact.

Wien , am 2 . Juli 1929

C U R R I C U L U M   V I T A E

Ein 1906 in Brünn geboren , besuchte dort vier Klassen
Volksschule und acht Klassen des deutschen Staatsrealgym-
nasiums , an dem ich 1924 die Reifeprüfung mit Auszeichnung
ablegte . Darauf inskribierte ich im Herbst desselben Jah-
res als ordentlicher Hörer an der philosophischen Fakultät
der Universität Wien , an der ich bis zur Beendigung meiner
Studien verblieb . Ich hörte hier zuerst vorwiegend Vorlesungen aus theoretischer Physik (bei Prof. Thirring) ; später
wandte ich mich rein mathematischen Studien zu , angeregt
besonders durch die Vorlesungen von Prof. Hahn und Hofrat
Furtwängler , deren Seminarien ich eifrig besuchte . Neben-
bei hörte ich auch philosophische Vorlesungen bei
Prof. Schlick und Gomperz sowie Doz. Carnap . Mit besonde-
rem Interesse betrieb ich das Studium desjenigen Grenzge-
bietes zwischen Mathematik und Philosophie , das gerade in
den letzten Jahren durch die Arbeiten von Hilbert , Brouwer ,
Weyl , Russell u.a. in so reger Entwicklung begriffen ist .
Diesem Gebiet gehört auch meine Dissertation „Über die
Vollständigkeit des Logikkalküls" an .

Kurt Gödel

VIII . Langegasse 72 / III .

Der Durchbruch – *Breakthrough*

Im Jahr nach seinem Doktorat erzielte Gödel eine wissenschaftlichen Durchbruch ersten Ranges. Seit Jahrzehnten hatte
David Hilbert, der führende Mathematiker seiner Zeit, ein
ehrgeiziges Programm zur Grundlegung der Mathematik ver-
kündet. Mit Hilfe der axiomatischen Methode sollte die Widerspruchsfreiheit der Mathematik bewiesen werden. Gödels
Dissertation war ein wichtiger Schritt auf diesem Weg, doch
dann entdeckte Gödel, dass Hilberts Programm nicht zum
Abschluss gebracht werden kann. Es gibt wahre Aussagen in
der Arithmetik, die nicht bewiesen werden können.

*In the year after his doctorate Gödel achieved a scientific
breakthrough of the first order. For years David Hilbert, the
leading mathematician of his time, had proposed an ambi-
tious program for proving the consistency of mathematics by
means of the axiomatic method. Gödel's thesis had been a
step in Hilbert's direction but then Gödel discovered that the
program could not be carried to the end. In arithmetic, there
are true statements that cannot be proved.*

Die erste Mitteilung Gödels über seine epochale Entdeckung
fand im Café Reichsrat (heute Konditorei Sluka) statt. Einige Mitglieder des Wiener Kreises bereiteten dort im Sommer
1930 die Reise nach Königsberg vor, wo – als Satellitentagung
zur Jahrestagung der Deutschen Mathematikervereinigung –
die zweite Tagung für Erkenntnislehre der exakten Wissenschaften stattfinden sollte.

*Gödel's first announcement of his epoch-making discovery
occurred in the Cafè Reichsrat during the summer of 1930.
Several members of the Vienna Circle had met there to pre-
pare for their trip to Königsberg, where (as a satellite meeting
to the yearly meeting of the German Mathematical Society)
the second conference for the epistemology of the exact sciences was to take place.*

Carnaps Tagebucheintragung dazu lautet (in Gabelsberger Kurzschrift): »Café Reichsrat. Vorbereitungen der Königsberg-Reise ... Gödels Entdeckung: Unvollständigkeit des Systems der *Principia Mathematica* ... Schwierigkeiten des Konsistenzbeweises.«

Carnap's diary (in Gabelsberger shorthand): "Cafè Reichsrat. Preparations for the trip to Königsberg ... Gödel's discovery: incompleteness of the system of Principia Mathematica *... Difficulties of the consistency proof."*

Widerspruchsfreiheit des formalen Systems der klassischen Mathematik nachgewiesen hätte. Denn man kann von keinem formalen System mit Sicherheit behaupten, daß alle inhaltlichen Überlegungen in ihm darstellbar sind.

v. NEUMANN: Es ist nicht ausgemacht, daß alle Schlußweisen, die intuitionistisch erlaubt sind, sich formalistisch wiederholen lassen.

GÖDEL: Man kann (unter Voraussetzung der Widerspruchsfreiheit der klassischen Mathematik) sogar Beispiele für Sätze (und zwar solche von der Art des Goldbachschen oder Fermatschen) angeben, die zwar inhaltlich richtig, aber im formalen System der klassischen Mathematik unbeweisbar sind. Fügt man daher die Negation eines solchen Satzes zu den Axiomen der klassischen Mathematik hinzu, so erhält man ein widerspruchsfreies System, in dem ein inhaltlich falscher Satz beweisbar ist.

REIDEMEISTER: Ich möchte die Diskussion mit einigen Bemerkungen abschließen, die nichts Neues bringen, vielmehr nur einige

Die Königsberger Tagung sollte einer Debatte über die Grundlagen der Mathematik dienen. Carnap und Hahn hielten ihre Vorträge, als wäre nichts geschehen, und Gödel trug über seinen Vollständigkeitssatz aus dem Vorjahr vor. Erst während der abschließenden Diskussion erwähnte Gödel, beinahe nebenher, seine Unvollständigkeitssatz. Wie aus dem Protokoll hervorgeht, lief die Diskussion zunächst friedlich weiter, doch dann wurde Gödel aufgefordert, in einem Anhang zu erläutern, was er gemeint hatte. John von Neumann, der geniale Schüler David Hilberts, erkannte sofort die Tragweite von Gödels Entdeckung.

The purpose of the Königsberg conference was a discussion of the foundations of mathematics. Carnap and Hahn gave their lectures as if nothing had happened, and Gödel presented his completeness theorem from the year before. It was only during the final discussion that he mentioned, almost casually, his incompleteness result. The minutes of the meeting show that the discussion flowed peacefully on, but then Gödel was invited to add an appendix to the proceedings, and explain what he meant. John von Neumann, Hilbert's brilliant disciple, immediately understood its impact.

David Hilbert selbst war bei der Diskussion nicht anwesend. Er wurde am nächsten Tag zum Ehrenbürger von Königsberg ernannt (seiner Geburtsstadt), und hielt einen öffentlichen Vortrag über sein Programm, der auch im Rundfunk übertragen wurde. Hilbert schloss mit den Worten: »Wir müssen wissen! Wir werden wissen!«

David Hilbert himself was not present at the discussion. The day after, he was elected honorary citizen of Königsberg (the town of his birth) and he held a public speech on his program, broadcast via radio. Hilbert concluded with the words: "We must know! We shall know!"

Doch in den nächsten Monaten wurde klar, dass Hilberts Programm nicht gerettet werden konnte. Die Mathematik ist nicht mechanisierbar. Der noch nicht fünfundzwanzigjährige Kurt Gödel hatte die Sicht auf die Mathematik revolutioniert.

But within the next few months, it became clear that Hilbert's program could not be saved. Mathematics could not be reduced to a mechanical procedure. Kurt Gödel, then barely twenty-five years old, had revolutionized the way mathematics was perceived.

Post-doc

011612   den 27 / 5 / 31

[handwritten letter in German]

Gödel's friend Marcel Natkin writes from France: ". . . Herbert told me a lot about you and, unjustifiably I am terribly proud . . . So you have proved that Hilbert's system of axioms contains unsolvable problems – that is no trifling matter."

Gödels außerordentliche Leistungen fanden am Mathematischen Seminar rasch höchste Anerkennung. Trotz seines internationalen Rufes wurde er nach seinem Doktorat nicht Assistent – weder hatte er es finanziell nötig noch gab es eine freie Stelle – doch er kam fast täglich ans Mathematische Seminar, benutzte die Bibliothek, korrigierte Prüfungsarbeiten und half Studenten bei der Vorbereitung ihrer Seminarvorträge.

Gödel's extraordinary achievements met with high praise in the mathematics institute. In spite of his international reputation, he did not become assistant professor – neither did he need a job nor was one available. He spent much time around the mathematics library and helped by correcting exams or coaching students for seminar talks.

Nach dem Tod ihres Mannes zog Gödels Mutter nach Wien. Auch Kurts Bruder Rudolf war bereits promoviert; er sollte Röntgenarzt werden. Die drei lebten sehr zurückgezogen in zwei angrenzenden Wohnungen in der Josefstädterstraße 43.

After the death of her husband, Gödel's mother Marianne had moved to Vienna. Kurt's brother Rudolf was an MD by then and became a radiologist. The three lived together very quietly in two adjacent apartments in Josefstädterstrasse 43.

Im Haus befand sich ein eleganter Kinopalast. Die Familie besuchte oft Konzerte und Theateraufführungen, insbesondere im benachbarten Theater in der Josefstadt. Es war damals unter Max Reinhard auf einem künstlerischen Höhenflug.

The building housed a posh cinema. The family often went to to concerts and plays, and in particular to the neighboring Theater in der Josefstadt, which experienced a remarkable flowering under its director Max Reinhard.

Marianne und ihre Söhne unternahmen zahlreiche Ausflüge in die Umgebung Wiens. Noch 20 Jahre später erinnerte sich Kurt Gödel an einen Ausflug mit der Mutter auf den Leopoldsberg. »Es muß 1932 gewesen sein, denn ich war damals ganz beschäftigt mit der Vorbereitung eines Vortrags für das Hahn Seminar.«

Marianne and her sons made many excursions in the vicinity of Vienna. More than twenty years later, Gödel reminisced, in a letter to his mother, about a hike on near-by Leopoldsberg: "It must have been 1932 for I was completely absorbed by the preparation of a lecture for Hahn's seminar."

Oft verbrachte die Familie Wochenenden und Ferienwochen im Raxgebiet, etwa 80 Kilometer südlich von Wien, und in der Gegend von Mariazell. Noch Jahrzehnte später sollte er seiner Mutter schreiben:
»An die Würstel vom Annaberg kann ich mich noch gut erinnern aber wenn ich nicht irre wurde mir auf die Magentropfen aus der Apotheke bald wieder besser.«

The family often spent weekends and vacations near the Rax mountain, some 80 kilometers south of Vienna, or in the region of Mariazell. Many years later Gödel would write to his mother:
"I remember very well the sausages from Annaberg, but if I am not mistaken, the stomach tonic from the pharmacy soon made me feel better."

Gödel war ein eifriger Kunde von Universitätsbibliothek, Buchhandlungen und Leihbüchereien.

Gödel was an avid patron of the University library, bookshops and lending libraries.

Vom Kreis zum Kolloquium – *From Circle to Colloquium*

Gödel distanzierte sich wie Karl Menger, zunehmend vom Wiener Kreis und dessen volksbildnerischem Ableger, dem Verein Ernst Mach für wissenschaftliche Weltauffassung, der 1929 öffentlich aktiv wurde. Die beiden Freunde teilten weder die Wittgenstein-Verehrung, noch das politische Engagement mancher Mitglieder.

Together with Menger, Gödel increasingly drifted away from the Vienna Circle and its outreach organization, the Verein Ernst Mach for the Scientific World-View, which had gone public by 1929. The two friends disliked the wide-spread infatuation with Wittgenstein, and the missionary political inclinations of some.

Die regen Kontakte zu Mitgliedern des Wiener Kreises blieben aber bestehen. So traf sich Gödel häufig mit Carnap zu Diskussionen über dessen geplantes Werk *Logische Syntax der Sprache*. Carnap hält in seinem Tagebuch fest: »Über seine Arbeit, ich sage, dass sie doch schwer verständlich ist.«

Both Gödel and Menger kept in close contact with members of the Vienna Circle. In particular, Gödel frequently met with Carnap and discussed the latter's plans for his book Logical Syntax of Language. *Carnap notes in his diary. "As far as his work goes, I think it is quite difficult to understand".*

Menger schuf einen Mathe-
matikerzirkel – das »Wiener
Mathematische Kolloqui-
um«. Gödel nahm daran
regen Anteil, trug häufig
vor und half Menger bei
der Herausgabe der jährlich
erscheinenden *Ergebnisse
eines mathematischen Kolloquiums.*

*Menger founded a circle of
mathematicians – the Viennese Mathematical Collo-
quium. Gödel participated
intensively. In the 'thirties
he gave many talks at the
colloquium. Moreover, he
helped Menger in editing
the annual* Proceedings of a
mathematical colloquium.

Mathem. Institut der Universität
Wien, IX., Strudelhofgasse Nr. 4

3398

ERGEBNISSE
EINES MATHEMATISCHEN
KOLLOQUIUMS

UNTER MITWIRKUNG VON

K. GÖDEL UND A. WALD

HERAUSGEGEBEN VON

KARL MENGER
WIEN

HEFT 7
1934—1935

LEIPZIG UND WIEN
FRANZ DEUTICKE
1936

Bald schon strich Gödel hervor, dass sich sein Unvollständigkeitssatz nicht nur auf ein bestimmtes
Axiomensystem bezieht, sondern auf jedes System, das die Arithmetik umfasst.

*Soon Gödel stressed in his presentations that his incompleteness theorem did not only apply to a
particular system of axioms but to every formal system that includes arithmetic.*

DEUTSCHE MATHEMATIKERVEREINIGUNG
EINGETRAGENER VEREIN

DER SCHATZMEISTER
PROF. DR. H. HASSE

27. Oktober 1932

MARBURG-LAHN, DEN
WEISSENBURGSTR. 22

Herrn

Dr. Kurt G ö d e l ,

Wien VIII.

Sehr geehrter Herr !

Betr.Beitragszahlung.

Bei Prüfung Ihres Kontos ist festgestellt worden, dass
Sie mit Mitgliedsbeiträgen für die Jahre 19xx/1932 noch im Rück-
stand sind. Sie schulden demnach der D.M.V.

RM 5·--
= = = = = = =

Ich nehme an, dass dies nur Ihrer Aufmerksamkeit entgangen ist
und bitte Sie, diesen Betrag im Post- oder Bankwege baldigst an
die Kassenstelle der Deutschen Mathematiker-Vereinigung,
Leipzig C 1, Poststr.3, (nicht an mich persönlich nach Marburg)
zu überweisen.

Mit vorzüglicher Hochachtung
ganz ergebenst

Hasse

Schatzmeister.

The bursar of the German Mathematical Society reminds Gödel to pay his dues.

Zu den ausländischen Besuchern des Wiener Kreises gehörten der polnische Logiker Tarski, der
amerikanische Philosoph Quine und der englische Philosoph Ayer, die alle drei bald zu den heraus-
ragendsten Vertretern ihres Faches gehören sollten.

*Foreign visitors to the Vienna Circle included the Polish logician Tarski, the American philosopher
Quine and the British philosopher Ayer, all of whom would soon rank among the leaders in their
fields.*

Habilitation

> Dr Kurt Gödel, Wien VIII
> Josefstädterstraße 43
> 23
>
> An das Professorenkollegium der philo-
> sophischen Fakultät der Universität Wien
>
> Der ergebenst Gefertigte bittet um Erteilung der
> Venia legendi für das Fachgebiet der Mathematik
> und belegt sein Ansuchen durch folgende Beilagen:
>
> 1.) Abschrift des Doktor-Diploms.
> 2.) Curriculum vitae.
> 3.) Verzeichnis der publizierten Arbeiten.
> 4.) Verzeichnis der beabsichtigten Vorlesungen.
>
> Als Habilitationsschrift wird eingereicht:
> Über formal unentscheidbare Sätze der Principia
> Mathematica und verwandter Systeme I
> (Monatshefte f. Math. u. Phys. Bd 38)
>
> Wien 25. Juni 1932
>
> Dr Kurt Gödel
>
> .003

Gödel reichte 1932 um seine Habilitation ein. Seine Habilitationsschrift ist die epochale Arbeit »Über formal unentscheidbare Sätze der *Principia mathematica* und verwandter Systeme I«.

In 1932 Gödel applied for his "Habilitation". For his thesis he submitted his seminal paper "On formally undecidable propositions of Principia Mathematica and related systems I". For the required talk he suggested "Construction of formally undecidable propositions".

Wissenschaftliche Arbeiten:

1. Die Vollständigkeit der Axiome des logischen Funktionenkalküls. (Mon-Hefte f. Math. u. Phys. 37.)

2. Über formal unentscheidbare Sätze der Principia Mathematica und verwandter Systeme I. (Mon-Hefte f. Math. u. Phys. 38.)

3. Einige metamathematische Resultate über Entscheidungsdefinitheit und Widerspruchsfreiheit I. (Anz. Akad. Wiss. Wien 1930 № 19.)

4. Zum intuitionistischen Aussagenkalkül. (Anz. Akad. Wiss. Wien 1932 № 7.)

5. Ein Spezialfall des Entscheidungsproblems der theoretischen Logik. (Menger-Kolloquium, Heft 2.)

6. Eine Eigenschaft der Realisierungen des Aussagenkalküls. (Menger-Kolloquium, Heft 3.)

Im Frühjahr 1933 habilitierte sich Kurt Gödel und wurde somit Privatdozent – er durfte nunmehr Vorlesungen halten, aber praktisch ohne Entgelt. Damals gab es kaum Hoffnung auf eine feste Anstellung.

In the spring of 1933 Gödel obtained his "Habilitation" and became a Privatdozent (private lecturer). He could now give mathematical lectures at the university but the remuneration was very scant. At the time, there was almost no hope of obtaining an academic position in Austria.

Die Habilitation wurde auch dem Brünner Tagesboten mitgeteilt. Ein Großteil der Ausgabe befasst sich mit den Zuständen in Deutschland – Hitler war vor sechs Wochen an die Macht gekommen.

The habilitation was also announced in the Tagesboten, a daily of Brno. Most of the issue deals with the situation in Germany – Hitler had come to power six weeks earlier.

```
070057.5

          Ich beabsichtige , im Sommersemester 1933

       eine zweistündige Vorlesung über

               Grundlagen    der    Arithmetik

       zu halten  . Vorbesprechung:Mittwoch , den

       3. Mai , 10 Uhr präzise im kl. Hörs. des math.

       Seminars , IX. Strudelhofgasse 4 .

                              K. Gödel
```

Auch nach der Habilitation änderte sich Gödels Lebensweise kaum.
Er arbeitete oft bis tief in die Nacht und stand spät auf. Als Privatdozent erhielt er kein Gehalt, sondern lediglich Kollegiengeld für seine Vorlesungen. (Da diese höchst anspruchsvoll und daher nur spärlich besucht waren, erhielt er etwa im Sommersemester 1937 exakt 2 Schilling 90.)

Gödel's lifestyle did not change as a result of his "Habilitation".
He often worked at night and got up late. As a Privatdozent he had no salary, only a fee for lectures. As they were extremely demanding and hence attracted few students, in the summer term of 1937 he received exactly 2 Schillings and 90 Groschen – the price of a few beers.

Princeton und retour – *Princeton and back*

Der amerikanische Mathematiker Oswald Veblen, einer der ersten Professoren am neu gegründeten Institute for Advanced Study, tourte durch Europa auf Talentsuche und hörte eine Vortrag Kurt Gödels in Mengers mathematischen Kolloquium. Er und sein Kollege John von Neumann erwirkten eine Einladung Gödels für ein Gastsemester am Institute for Advanced Study.

The American mathematician Oswald Veblen toured Europe as a talent scout for the newly-founded Institute for Advanced Study. He heard a lecture by Gödel in Menger's Mathematical Colloquium. He and his colleague John von Neumann extended an invitation to Kurt Gödel to spend a guest term at the IAS.

THE STATE UNIVERSITY OF IOWA
IOWA CITY, IOWA

DEPARTMENT OF PHILOSOPHY
HERBERT MARTIN, ACTING HEAD

G. T. W. PATRICK
PROFESSOR EMERITUS

BONNO TAPPER
HERBERT FEIGL

9. Dezember 1933

Lieber Gödel,

ich danke Dir herzlichst für Deinen Brief! Also auch
Du, mein Sohn, — wie Einstein und alle andern Berühmtheiten
hast nicht umhin können — und Dich schließlich über's große
Wasser bemühen müssen. Ganz recht so, — wahrscheinlich wird
Dir schließlich eine dauernde Stellung daraus erblühn u. die
Deutschen u. Österreicher haben wieder einen (diesmal reinrassigen [?])
Gelehrten verloren. Erst kürzlich las ich, daß der ebenfalls reinrassige["]
und soeben nobelgepreiste Schrödinger es in Deutschland
auch nicht mehr aushielt u. nach Oxford gegangen ist.

Na erzähle doch, Menschenskind, wie alles gekommen ist,
wie Dir die Reise gefallen hat, — ob Du zu blasiert bist,
um von New York "impressed" zu sein. Von Carnap hörte
ich, daß Dich v. Neumann nach Princeton empfohlen hatte.
Mehr weiß ich nicht. Hältst Du Vorlesungen? Worüber?
Hast Du Einstein kennen gelernt? Ist nicht Weyl auch
dort x). Ich hoffe, Du machst auf Veblen gehörigen Eindruck, der dürfte von Nutzen u. Einfluß sein. — Hunderte
von deutschen Akademikern bombardieren dieses Land mit
Anstellungsgesuchen, u. selbst eine Fellowship als Sprung-

x) Wo ist sonst dort? Wer finanziert die Sache? Ist Flexner damit verknüpft?

Brief von Gödels Studienfreund Herbert Feigl, der als erstes Mitglied des Wiener Kreises in die USA emigriert war.

Kurt Gödel's friend and former colleague Herbert Feigl, who was the first member of the Vienna Circle to move to the United States, wrote in a letter:
"So you too, my son, just as Einstein and all other celebrities, could not help it and had eventually to move across the great waters … Once more, the Germans and Austrians have lost a scientist (racially pure this time)."

The Henry Burchard Fine Mathematical Hall at Princeton University, Where the Ins[...] Will Have Its Temporary Quarters.

Vom Oktober 1933 bis Juni 1934 war Gödel Gast am Institute for Advanced Study in Princeton, das damals noch im Mathematik-Departement am neugotischen Campus der Universität untergebracht war. Das berühmteste Mitglied war Albert Einstein, den die Nationalsozialisten aus Berlin vertrieben hatten.

From October 1933 to June 1934 Gödel was visitor at the Institute for Advanced Study, still located in provisional quarters on the neo-gothic campus of Princeton University. Its most famous member was Albert Einstein, who had been chased from Berlin by the Nazis.

New York University Philosophical Society

NEW YORK UNIVERSITY, N. E. CORNER WASHINGTON SQUARE, N. Y. C.

———o———

Speaker: Dr. Kurt Gödel of the Institute for Advanced Study, Princeton.

Subject: The Existence of Undecidable Propositions in any Formal System containing Arithmetic

Time: Wednesday, April 18th, 1934, at 8:15 P. M.

Place: Main Building Room 451

Discussion Afterwards.

Ruby Sherr, *President*
Arnold H. Kamiat, *Treasurer*
1136 Sterling Place, Brooklyn.

Ruth-Jean Rubinstein,
Corresponding Secretary
303 West 78th St., N. Y. C.

Gödel hielt Vorlesungen über Logik und trug auch vor der New Yorker Philosophical Society und der Academy of Sciences in Washington vor.

Gödel gave a course of lectures on logic and also spoke at the New York Philosophical Society and the Academy of Sciences in Washington.

Gödel kehrte im Frühsommer 1934 in ein zerrissenes Land zurück: Das Parlament war aufgelöst worden und ein kurzer, erbitterter Bürgerkrieg hatte im Februar 1934 über 100 Tote gefordert. Kanzler Dollfuß kämpfte mithilfe der faschistischen Heimwehr sowohl gegen die Sozialistische Partei als auch gegen die Nationalsozialisten, die den Anschluss ans Dritte Reich forderten.

Bald nach Gödels Rückkehr stürmten die nationalsozialistischen Illegalen das Bundeskanzleramt und ermordeten Dollfuß. Der Putsch wurde schnell niedergeschlagen, aber der autoritäre Ständestaat stützte sich zunehmend auf repressive Maßnahmen.

Early in the summer of 1934, Gödel returned to a torn country. Parliament had been suspended and a short, fierce civil war in February 1934 had claimed more than a 100 victims. Chancellor Dollfuss fought with his fascist Heimwehr against both the Socialist Party and the National Socialists who demanded union with Germany.

Soon after Gödel's return, members of the outlawed Nazi party stormed the chancellery and killed Dollfuss. The putsch was quickly repressed but the authoritarian regime increasingly resorted to dictatorial measures.

Oesterreichs berühmtester Mathematiker gestorben.

Plötzlicher Tod des Professors Dr. Hahn.

Der ordentliche Professor für Mathematik an der Universität Wien Dr. Hans Hahn ist gestern im Alter von 54 Jahren nach kurzer Krankheit gestorben. Professor Hahn, der auf dem Gebiete der Mathematik als Weltautorität gegolten hat, hinterläßt eine Witwe und eine Tochter, die als Schauspielerin tätig ist. Professor Hahn hat eine große Anzahl grundlegender Abhandlungen verfaßt und war Mitglied zahlreicher wissenschaftlicher Körperschaften des In- und Auslands.

Der Philosoph der Zahlen.

Mit dem plötzlichen Tod des Professors Dr. Hans Hahn erleidet die wissenschaftliche Welt einen großen Verlust. Mitten aus seiner Forscher- und Lehrtätigkeit ist Professor Hahn durch den jähen Tod dahingerafft worden. Sein Ableben wird den großen Kreis seiner Schüler, Freunde und Verehrer um so schmerzlicher überraschen, als der Gelehrte noch in der Vorwoche, ...

Nachdem er an der Universität Wien seine Studien absolviert und diese in der klassischen Stadt der Mathematiker, in Göttingen, ergänzen und vervollkommnen durfte, wurde er Privatdozent in Wien, dann nahm er eine Professur an der Universität in Czernowitz an, wirkte eine Weile in Bonn in gleicher Eigenschaft und wurde später wieder in seine Heimatstadt an die Universität Wien berufen, wo er als Ordinarius seines Faches bis auf die letzten Tage seines Lebens eine ebenso ersprießliche Lehr- wie Forschertätigkeit entfaltete.

Professor Hahn, der eine grundlegende Abhandlung über Theorie der realen Funktionen verfaßt hat und sich viel mit einzelnen Problemen der Geometrie in mehreren sehr aufschlußreichen Arbeiten auseinandersetzte, hat sich zum Spezialgebiet wohl den interessantesten Zweig der Mathematik erwählt, nämlich jenen, wo die Wissenschaft der Zahlen in die Philosophie hinaufgipfelt. Die Wissenschaft des Denkens, die Logik, ist auf Grundwahrheiten aufgebaut, auf Axiomen, die nicht mehr auf ...

Hans Hahn, der Lehrer Gödels, starb nach einer Krebsoperation. Er war einer der wenigen Professoren gewesen, die der nationalistisch-konservativen Mehrheit im Lehrkörper Paroli gegeben hatten. Der Ständestaat besetzte die Lehrkanzel des politisch unliebsamen Hahn nicht mehr nach.

Hans Hahn, Gödel's teacher, died after cancer surgery. He had been a supporter of "Red Vienna". The regime decided not to fill the vacancy left by Hahn's death.

Nach seiner Rückkehr von Princeton erlitt Gödel einen schweren Nervenzusammenbruch und wurde im Herbst 1934 ins Sanatorium Purkersdorf eingewiesen – einem von Josef Hoffmann errichteten Meisterwerk des Art Déco.

After his return from Princeton, Gödel suffered from a serious nervous breakdown and in the fall of 1934 had to be committed, to the sanatorium Purkersdorf. This sanatorium, which had been built by the architect Josef Hoffmann, ranks among the masterpieces of Art Déco.

Krachen im Gebälk – *Writings on the Wall*

Die Vaterländische Front war eine von oben verordnete Einheitspartei ohne jeglichen Rückhalt in der Bevölkerung, doch fast jeder dritte Österreicher wurde Mitglied. Mit dem »Führer«, dem unbedingte Treue und Gehorsam zu leisten war, ist Kurt Schuschnigg gemeint, der als Nachfolger des ermordeten Dollfuß Bundeskanzler geworden war.

The party organisation called the 'Fatherland Front' had been imposed from above and found little support among the population. But almost every third Austrian became a member. Members had to pledge absolute loyalty and obedience to the "Führer" – meaning Kurt Schuschnigg, who had become chancellor as successor to the murdered Dollfuss.

Im Sommersemester 1935 hielt Gödel Vorlesungen über aus-
gewählte Kapitel aus mathematischer Logik und begann sich
der Mengenlehre zuzuwenden.

*In the summer semester of 1935, Gödel lectured on special
chapters of mathematical logic and started to move towards
set theory.*

Im September 1935 fuhr Gödel zum zweiten Mal ans Institute for Advanced Study. Doch unterbrach
eine schwere psychische Krise seinen Aufenthalt. Schon nach zwei Monaten kehrte er wieder nach
Österreich zurück. Sein Zustand war so bedrohlich, dass ihn sein Bruder aus Paris abholen musste.
Diesmal kam Gödel in das Sanatorium nach Rekawinkel und später nach Aflenz, wo er bis zum
Frühjahr 1936 blieb.

*In September 1935, Gödel travelled for a second time to the Institute for Advanced Study. But a
severe psychic crisis interrupted his stay. After two months he had to return to Austria. His state was
so threatening that his brother was asked to escort him from Paris. This time, Gödel was treated in
sanatoria in Rekawinkel, and later in Aflenz, where he stayed until spring 1936.*

22./II. 1937.

*Ich bin leider gezwungen, die Vor-
lesung „Axiomatik der Mengenlehre"
in diesem Semester wieder abzusagen*

Dr K. Gödel

Gödel musste seine Vorle-
sung absagen.

*Gödel had to cancel his lec-
tures for reasons of health.*

THE INSTITUTE FOR ADVANCED STUDY
SCHOOL OF MATHEMATICS
FINE HALL
PRINCETON, NEW JERSEY   December 3, 1935

Dear Gödel:

When I left you on board the Champlain in New York I did not intend to interfere any more in your affairs, but after returning to Princeton it seemed that it was not right to fail to let your family know that you were on the way. Otherwise it would be quite possible for some accident to befall you on the way without any of your friends on either side of the Atlantic knowing about it for several days, or perhaps weeks. So I have decided to ask Dr. Flexner to send the following cablegram to your brother: "Returning on account of health your brother arrives Havre December seven via steamer Champlain". I realize that this interferes with your plan of not alarming your family with the idea of your being unwell until you have seen and reassured them. Nevertheless I do not dare to risk the other course of action and I am therefore writing this letter to explain myself and ask your pardon for this amount of interference.

I hope you will find the time and inclination to write me about your voyage and how everything seems on your arrival in Vienna. My wife joins me in best greetings and the wish to see you again in Princeton in the not too distant future.

Yours sincerely,

Oswald Veblen

Dr. Kurt Gödel
Josefstädterstrasse 43
Vienna VIII, Austria
OV:GB

Der Mathematiker Oswald Veblen verständigte Gödels Familie per Telegramm von dessen Zustand. Hier legt er Kurt Gödel seine Motive dar.

The mathematician Oswald Veblen informed Gödel's brother via telegram. Here he explains to Kurt Gödel his motives for doing so.

Die Spannungen an der Universität nahmen immer mehr zu. Die nationalsozialistische Studenten-schaft war zwar seit 1933 verboten; sie wusste aber die überwältigende Mehrheit hinter sich. Per Rundschreiben wurden die Dozenten instruiert, wie sie sich bei Störversuchen zu verhalten hätten.

At the University, the political tensions grew. Although the national socialist student organisation had been disbanded in 1933, it had the support of the overwhelming majority. University lecturers were advised how to proceed when their lectures were interrupted, as happened with increasing frequency.

Es ist mir zur Kenntnis gelangt, daß an einer Hochschule am Schlusse von Vorlesungen seitens einer Mehrzahl der
anwesenden Studenten in offensichtlich demonstrativer Absicht das
Deutschlandlied, bezw. nach manchen Aussagen das Horst Wessel-Lied
gesungen und „Heil Hitler-Rufe" laut wurden.

    Ich sehe mich daher veranlasst anzuordnen, daß seitens
der // Vorsorge getroffen wird, jede Art von Beifalls-oder Miß-
fallsäusserungen, Absingen von Liedern, Rufe und ähnliche demon-
strative Kundgebungen auch in den Hörsälen/hintanzuhalten.

    Zuwiderhandelnde stören die öffentliche Ruhe und Ord-
nung und setzen sich der Gefahr aus, im Sinne der Bestimmungen der
Vdg. vom 16.Oktober 1933, G.Bl.Nr.474 behandelt zu werden,ganz
abgesehen von der ihnen gegebenenfalls drohenden polizeilichen
Beanständigung.

                Der Bundesminister:
                     Schuschnigg.

Für die Richtigkeit
der Ausfertigung:

Mord auf der Philosophenstiege – *Murder on the Philosophers' Stairs*

Am 22. Juni 1936 wurde Moritz Schlick durch Dr. Johann Nelböck auf der Stiege zum philosophischen Dekanat erschossen. Nelböck (1903–1951) hatte in Wien Mathematik und Philosophie studiert, ungefähr zur selben Zeit wie Gödel, und 1931 bei Schlick promoviert. Dieser hatte die Dissertation als »ziemlich schwach« beurteilt.

On June 22, 1936, Moritz Schlick was shot by Dr Johann Nelböck on the stairs of the faculty of philosophy. Nelböck (1903–1951) had studied mathematics and philosophy in Vienna, side by side with Kurt Gödel. In 1931 he had submitted his PhD thesis, which Schlick judged to be "fairly weak".

Ein **Mord auf der Stiege zum philosophischen Dekanat in der Wiener Universität:** Der über Oesterreich und sein Fach hinaus bekannte und sehr geschätzte Professor der Philosophie, Dr. **Moriz Schlick,** wurde Montag früh durch drei Revolverschüsse getötet; er stammte aus reichsdeutscher aristokratischer Familie.

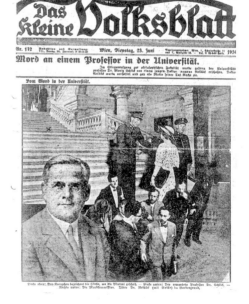

Später entwickelte Nelböck eine krankhafte Eifersucht wegen angeblicher Beziehungen Schlicks zu einer Studentin. Das steigerte sich zur wahnhaften Idee, dass Schlick all seine privaten und beruflichen Pläne durchkreuzte. Nelböcks Morddrohungen führten zu mehreren Einweisungen in psychiatrische Anstalten. Schlick musste bewacht werden. Doch war es nie zu einer Gewalttat gekommen. »Ich fürchte, die Polizei beginnt langsam zu glauben, dass *ich* der Wahnsinnige bin.«

Later, Nelböck developed a pathological jealousy about the alleged relations of Schlick with a female student. His assassination threats led to several commitments to psychiatric institutions. Soon he suffered from the delusion that Schlick was thwarting not only his private but also his professional prospects. Schlick had to ask repeatedly for protection but no act of violence had occurred so far. "I am afraid that the police have slowly begun to think that I am the madman."

An die Direktion der Prüfungskommission für das

Lehramt an Mittelschulen

in W i e n .

Der unterzeichnete Dekan gibt bekannt, dass der an der Wiener Universität zum Dr.Phil. promovierte Johannes Nelböck im Zusammenhang mit einer nach seiner Promotion eingeleiteten Disziplinaruntersuchung psychiatriert wurde, und ersucht die Direktion, sich im Falle der Anmeldung des Genannten zur Lehramtsprüfung vor seiner Zulassung mit dem Dekanate der philosophischen Fakultät ins Einvernehmen zu setzen.

Der Dekan der philosophischen Fakultät:

The dean informs the School Board about Nelböck's psychological problems.

Beim Prozess versuchte die Verteidigung, Nelböcks Verbrechen als weltanschaulich motiviert darzustellen, statt als einen persönlichen Racheakt. Nelböck wurde zu zehn Jahren Haft verurteilt und bereits zwei Jahre später, im Oktober 1938, freigelassen.
Nach Schlick's Ermordung trafen sich die Überreste des Wiener Kreises noch gelegentlich, aber das Ende war abzusehen.

During the trial the defense presented Nelböck's crime as motivated not by personal revenge but by the upsetting effect of Schlick's atheism upon a Christian farmer's son. Nelböck was sentenced to ten years in prison but was set free two years later, in October 1938.
After the murder of Schlick, what little was left of the Vienna Circle occasionally met but the end was in sight.

Von Amerika aus schreibt Karl Menger an seinen ehemaligen Schüler Franz Alt, der gemeinsam mit Gödel und Abraham Wald das mathematische Kolloquium weiter führte. »Ihr sollt bewirken, dass Gödel am Kolloquium teilnimmt... Der Himmel weiß, in was er sich einspinnen könnte, wenn er nicht von Zeit zu Zeit dich und die anderen Wiener Freunde spricht. Sei deshalb auf meine Verantwortung wenn nötig auch zudringlich.«
Doch wenige Monate später marschierten Hitlers Truppen in Wien ein, und Alt konnte von Glück reden, ein Ausreisevisum zu erhalten.

From America, Menger wrote to his former pupil Franz Alt, who led the mathematical colloquium jointly with Gödel and Abraham Wald: "I believe you should get together from time to time and especially see that Gödel takes part in the Colloquium. It would be of the greatest benefit not only to all the other participants but also to Gödel himself, though he might not realise it. Heaven knows what he might become entangled in if he does not talk to you and his other friends in Vienna from time to time. If necessary, be pushy, on my say-so."
But within a few months Hitler's troops marched into Austria and Alt could consider himself lucky to obtain an exit visa.

Gleichschaltung – *Coordination*

Der Einmarsch von Hitlers Truppen in Wien löste euphorische Kundgebungen aus.

Euphoric demonstrations greeted Hitler's troops when they entered Vienna.

Gödel war unpolitisch, doch politischer Zwist dominierte die Universität, an der er lehrte; die »Säuberung« erlebte er hautnah mit.

Gödel was apolitical but he taught at a university dominated by political strife and he experienced the Nazi "cleaning up" at first hand.

Nicht immer gelang der Hitlergruß so stramm wie auf diesen Bildern, und bereits 1938 musste der NS-Studentenführer der grassierenden »Haltungslosigkeit« entgegentreten: Jeder Haltungslose wird gewarnt, dass er sich »jenseits unserer Gemeinschaft« stellt, die »von nun an geschlossen und scharf« vorgehen wird.

The "German greeting" did not always succeed as smartly as on these pictures and in 1938 the Nazi student leader felt compelled to act against the widespread "lack of proper attitude". Anyone lacking a proper attitude was warned that he placed himself "outside our community", which from then on would react in a unified and severe way.

STUDENTENFÜHRUNG UNIVERSITÄT WIEN
Der Studentenführer

Deutscher Student! - Deutsche Studentin!

Um den fortgesetzten Klagen über die Haltungslosigkeit,
mit der der Gruß an den Führer am Beginn und am Schluß der Vorlesungen von vielen Hörern geleistet wird, entgegenzutreten,
ordne ich hiemit an:

1.) Der Eintritt jeder akademischen Lehrkraft wird von
allen Studierenden stehend erwartet und der deutsche Gruß in ge-
schlossener Eindeutigkeit stumm geleistet, bis er vom eingetre-
tenen Dozenten erwidert ist.

2.) Keiner verläßt den Hörsaal am Schluß der Vorlesung,
bevor der deutsche Gruß in gleicher Form geleistet ist und der
Dozent den Raum verlassen hat.

Jede Verletzung dieses Grundgesetzes nationalsozialisti-
scher Haltung setzt einen solchen Haltungslosen jenseits unserer
Gemeinschaft, die von nun an geschlossen und scharf die von uns
so lange umkämpfte Einheit studentischen Lebens verteidigen wird.

Heil Hitler!

Der Stu... ...rer

(Robert M... ler)

Wien, am 6.Mai 1938.

Nach dem »Anschluss« wurde die so genannte Säuberung innerhalb weniger Wochen durchgezo-
gen. An Gödels Philosophischer Fakultät zählten 14 von 45 Ordinarien, 11 von 22 außerordentli-
chen Professoren, 13 von 32 emeritierten und 56 von 159 Privatdozenten als »Abgänge«.

*The so-called clean-up (or "Säuberung") was executed within a few weeks of the Anschluss. Of
Gödel's philosophical faculty, 14 out of 45 full professors, 11 out of 22 associate professors, 13 out
of 32 emeritus professors and 56 out of 159 lecturers "retired".*

Diensteid.

(Gemäß Gesetzblatt f. d. Land Österreich Z. 3 aus 1938)

Ich schwöre:

Ich werde dem Führer des Deutschen
Reiches und Volkes Adolf Hitler treu
und gehorsam sein, die Gesetze beachten und
meine Amtspflichten gewissenhaft erfüllen,
so wahr mir Gott helfe.

Wien, am   . März 1938

_____
(Vor- und Zuname)

_____
(Diensteigenschaft)

Vor mir:

Wesentliches Druckmittel war der Treueid, den alle Universitätsangestellten – natürlich nur die arischen – am 22. März abzulegen hatten.

An essential instrument was the oath to the Führer, to whom all salaried employees at the University (Aryans only, of course) had to pledge their allegiance on 22 March.

In seiner Antrittsrede bemängelte der neue Rektor die bisherige Zurückhaltung der Professoren gegenüber dem Nationalsozialismus und verkündete: »Nun ist alles anders geworden. Der Anschauungsunterricht, den die Professorenschaft während der Zeit der Anwesenheit des Führers in Wien genossen hat, wird seine Wirkung nicht verfehlen.«
1938 wurde ein Numerus Clausus für jüdische Studenten eingeführt (und eine Aufnahmebeschränkung für weibliche Studenten). Wer als Student zugelassen werden wollte, musste »nach besten Wissen und Gewissen« versichern, weder Jude zu sein noch als solcher zu gelten.

In his inaugural speech the new Rector bemoaned the former coolness displayed by the professors towards National Socialism and declared: "All this has now changed. The material lesson enjoyed by the professorial body during the Führer's presence in Vienna will not fail to have its effect."
In 1938 the admission of Jewish students was severely restricted (as well as that of female students). Whoever wanted to be newly admitted as a student had to declare "to the best of his or her knowledge" not to be a Jew nor to count as such.

Lebensmensch – *Lifeline*

Kurt Gödel heiratete am 20. September 1938 Adele Nimbursky, geborene Porkert. Die Heirat kam für seine Kollegen und Bekannten überraschend. In Gödels Familie fand sie wenig Zustimmung. Noch vierzig Jahre später schrieb sein Bruder: »Ich maße mir kein Urteil über die Ehe meines Bruders an.« Gödels Braut war knapp vierzig Jahre alt und geschieden.

On September 20, 1938, Kurt Gödel married Adele Nimbursky, née Porkert. The marriage came as a surprise to his colleagues and acquaintances. Gödel's family was sceptical. Forty years later, his brother would still write: "I do not presume to judge my brother's marriage". Gödel's bride was divorced and almost forty.

Oskar Morgenstern later notes his first impressions in his diary:
"Her type: Viennese washer-woman. Loquacious, uneducated, energetic, and probably responsible for saving his life. His interest in ghosts is new! I have never seen him in a better mood."

Adele Porkert (1899–1981) war die Tochter eines Wiener Fotografen. Ihre erste Ehe war bald in Brüche gegangen.

Adele Porkert (1899–1981) was the daughter of a Viennese photographer. Her first marriage had not lasted long.

Adele hatte eine Ballettausbildung absolviert, und war später Tänzerin im Vergnügungsetablissement »Nachtfalter«.

Adele had undergone ballet training. She later worked as a dancer in the cabaret "Nachtfalter".

Gödel hatte Adele bereits 1929 kennen gelernt, als er in der Lange Gasse wohnte und sie im gegenüberliegenden Haus als Masseuse lebte. Seinem Bruder zufolge hatte Kurt bereits als Schüler eine »Eskapade« mit einer reiferen Frau durchlebt, ehe seine Eltern die Beziehung unterbrachen. Diesmal hing er seine Freundschaft nicht an die große Glocke.

Gödel had already met Adele in 1929, when he lived in Lange Gasse and she worked as a masseuse in the house across the street. According to his brother, Kurt had during his school-boy years experienced an "escapade" with a mature woman, until his parents put a stop to it. This time, he kept his friendship under wraps.

Adele hatte keinerlei wissenschaftliche Interessen, aber sie verehrte und beschützte ihren ungewöhnlichen Mann. Schon als dieser, von Verfolgungs- und Vergiftungsängsten gepeinigt, ins Santorium in Rekawinkel eingewiesen werden musste, nahm er nur die Nahrung zu sich, die sie zubereitet hatte. Sie musste von demselben Teller mit demselben Löffel essen. Als ihn später eine Gruppe von SA-Rowdies auf der Strudlhofstiege bedrängte, schlug Adele sie mit ihrer Handtasche in die Flucht.

Adele had no scientific interests but she admired and protected her unusual husband. When he suffered from paranoic fears of poisoning while in sanatorium at Rekawinkel, he ate only what she had cooked for him and had tasted with the same spoon. On a later occasion, armed with her hand-bag, she defeated a group of Nazi rowdies who were molesting Gödel on the Strudlhofstiege.

Diese Bestätigung erwähnt eine Aufnahmegebühr Adeles bei der NSDAP, aber sie scheint nicht als Parteimitglied auf.

This slip appears to indicate that Adele applied for membership in the Nazi party, but she was not registered as such.

080189

Vollmacht.

Hiemit bevollmächtige ich Frau Adele Nimbursky, Wien XIX. Himmelstrasse 43, meine Braut,
unser Aufgebot wecks Trauung zu veranlassen.

D' Kurt Gödel
Wien XIX Himmelstrasse 43
29./VIII. 1938.

Praktische Dinge überließ Gödel gern seiner Frau. Das Hochzeitsessen fand im Rathauskeller statt. Die Neuvermählten hatten eine Wohnung in Grinzing bezogen.

Gödel liked to leave practical matters to his wife. In particular, he gave her full powers for arranging the marriage, including the rather plain wedding meal in the Rathauskeller. The newlyweds had set up their household in an apartment in Grinzing, a wine-growing suburb.

Die standesamtliche Hochzeit fand am Höhepunkt der Tschechoslowakei-Krise statt. Zwei Wochen später (kurz nach dem Münchner Abkommen) fuhr Gödel zum dritten Mal nach Princeton. Adele blieb zurück.

The civil ceremony took place at the height of the Czechoslovakian crisis. Two weeks later, shortly after the treaty of Munich, Gödel travelled to Princeton for the third time; Adele remained behind.

Bescheidenes Hochzeitsessen im Wiener Rathauskeller.

Frugal wedding meal in the Rathauskeller.

Gefährliche Rückkehr – *Risky Return*

Der dritte US-Aufenthalt Kurt Gödels sollte acht Monate dauern. In seinem Reisegepäck befand sich der Beweis der Widerspruchsfreiheit von Auswahlaxiom und Kontinuumshypothese, ein mathematischer Durchbruch ersten Ranges. Hilbert hatte die Kontinuumsvermutung als das mathematische Problem Nummer Eins des zwanzigsten Jahrhunderts gesehen. Gödel hielt über seine Ergebnisse Vorlesungen in Princeton und einen Vortrag beim Jahrestreffen der American Mathematical Society.

Gödel's third stay in the US was to last for eight months. He took along with him his consistency proofs for the axiom of choice and the continuum hypothesis, a breakthrough of the highest order on what Hilbert had considered as the mathematical problem number one of the twentieth century. Gödel lectured on his results in Princeton and at a meeting of the American Mathematical Society.

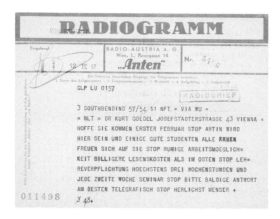

Die International Mathematical Union lud Gödel ein, beim nächsten Kongress einen Hauptvortrag zu halten. Wegen des Weltkriegs musste das Treffen (das mathematische Äquivalent von Olympischen Spielen) um zehn Jahre verschoben werden.

The International Mathematical Union invited Gödel to give a plenary talk at its next congress. Due to the war, the meeting (a mathematical analogue of the Olympic Games) had to be postponed for ten years.

Das Sommersemester verbrachte Gödel auf Einladung von Karl Menger an der katholischen Notre Dame University in South Bend, Indiana. Menger hatte den Besuch von langer Hand geplant und bereitete Gödel einen herzlichen Empfang.

Menger invited Gödel to spend the summer term at the Catholic University of Notre Dame in South Bend, Indiana. Menger had prepared the visit with care and greeted Gödel effusively.

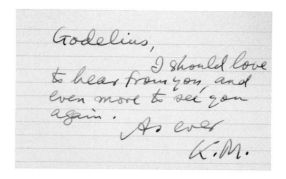

Hunderte von Wissenschaftlern hatten Deutschland verlassen müssen und suchten verzweifelt nach einem Unterkommen in den USA. Die Rockefeller Foundation und andere Hilfsorganisationen bemühten sich sehr um die vertriebenen Wissenschaftler.

At that time, hundreds of scientists who had been obliged to escape from Germany desperately looked for jobs in the US. The Rockefeller Foundation and other organisations tried hard to help.

GERMAN MATHEMATICIANS RELIEF FUND
Institute for Advanced Study
Princeton, N. J.
May 18, 1940

Dear Colleagues:

$300 went to Dr. Edward Helly as proposed in my circular of December 11, 1939. In the meantime Dr. Helly has found a (meagerly paid) position in the College of Paterson. When in the same letter I moved $100 for Dr. Peter Scherk I did not know that he had obtained a tutoring position at Taft School in Connecticut, effective from September 1, 1939; my proposal met with objections on this ground, and I therefore turned over only the $15 earmarked for him.

200 Swiss francs were paid to Dr. Paul Bernays, Zürich; the contribution was earmarked for him.

Our balance at present amounts to $285.09. Since Dr. Scherk lost his job in February on account of illness, and is now in miserable

wide School of the University of Illinois carrying $300. While Mrs. Noether was alive she contributed to our fund far more generously than anybody else; I feel we owe it to her to support the son of her beloved brother Fritz with a fraction of what she gave to us.

If no objection to these proposals is raised during the next ten days, I shall assume your consent.

Hermann Noether, Fritz's other son, will probably again receive a refugee scholarship at Harvard for next year. I am informed that Schwerdtfeger lost his job in Australia after the outbreak of the war. A. Rosenthal recently arrived in this country and now holds a research fellowship at the University of Michigan effective for one year from the date of his arrival.

Sincerely yours,

Hermann Weyl

Hermann Weyl

Der Mathematiker Weyl verteilt die kargen Mittel.

The mathematician Weyl distributes scanty resources.

Obwohl Menger dringlich abriet, reiste Gödel im Juni 1939 nach Wien zurück. Er wollte im Herbst mit seiner Frau Adele an das Institute for Advanced Study zurückkehren.

Despite Menger's pleadings, Gödel travelled back to Vienna in June 1939. He planned to return to the Institute for Advanced Study in the fall, this time with Adele.

Konzept

Inländischen j ü d i s c h e n Studierenden

ist das Betreten der Universität (samt Neben-

gebäuden)

V E R B O T E N .

Der kommissarische Rektor der
Universität Wien :

Wien, am 12.November 1938.

Gödel kehrte an eine Universität zurück, die (im Jargon der Zeit) »judenfrei« war. Im März 1939 hatte Hitler den Rest der Tschechoslowakei besetzt. Am Ausbruch eines Krieges war kaum mehr zu zweifeln.

When Gödel returned in 1939, the University in Vienna was, in Nazi jargon, "Jew-free". In March 1939, Hitler had occupied the rest of Czechoslovakia and war seemed imminent.

090303   Wien 29./VII. 1939

An die

    Devisenstelle Wien I

        Teinfaltstrasse 4

In Beantwortung Ihres Schreibens 60/Hu
Nr 12703, Fally. vom 8./VII. 1939 übersende ich
Ihnen beiliegend den ausgefüllten Fragebogen (a)
nebst Bestätigungen des Polizeipräsidiums u. der
Steuerbehörde u. teile Ihnen weiterhin folgendes mit:

ad 3.) Eine Bescheinigung der ausländischen ~~Met~~
Wohnbehörde kann ich leider nicht beibringen,
da, soviel mir bekannt, in den Vereinigten Staaten
keine polizeiliche Meldepflicht besteht. Bezüglich
meiner Aufenthalter in den letzten 3 Jahren vgl. die Beilage zum Fragebogen
ad 4.) Meinen Reisepass, aus dem zu ersehen ist, dass
ich von Okt. 1938 bis Juni 1939 mit einem Besuchs-
visum (als Temporary visitor) in den Vereinigten

Als Gödel im Sommer 1939 nach Wien zurückkehrte, erwartete ihn ein bürokratischer Albtraum. Sein amerikanisches Besuchervisum galt nur für den österreichischen Pass, der inzwischen durch einen deutschen ersetzt worden war; der Transfer seiner Geldmittel von Princeton nach Wien wurde durch die Devisenstelle behindert; die Ministerialbürokratie regte sich auf, weil er seine vorige Reise nicht zeitgerecht bekannt gegeben hatte, und wollte ihm die Lehrbefugnis entziehen, die allerdings bereits aufgehoben war; und Gödel wurde zur Musterung bestellt, die von Woche zu Woche verschoben wurde.

When Gödel returned to Vienna in the summer of 1939, a bureaucratic nightmare awaited him. His visitor's visa for America was valid only with his Austrian passport, which in the meantime had been replaced by a German one; the transfer of his money from Princeton was hindered by the foreign exchange service; the ministry claimed that they were not given proper notice of his previous journey and wanted to cancel his "Habilitation", which however had already been suspended; and Gödel had to report for an examination for the Wehrmacht, which was postponed from week to week.

Staaten war, habe ich bereits am 26./VI. d.J. bei Ihnen (Mölkerbastei 5) zur Einsichtnahme vorgelegt.

Heil Hitler

Dr Kurt Gödel

Beiliegend:

1. Fragebogen (a) nebst Beilage
2. Bestätigung des Polizeipräsidenten Wien
   über meine polizeiliche Meldung
3. Bestätigung des Steuerbehörde über
   die Art der Steuerpflicht

Gödel had to explain how he came to own American dollars.

Ministerium
Der Minister für innere und kulturelle Angelegenheiten,
Abt. IV: Erziehung, Kultus und Volksbildung

Zl. IV- 2c-332.954.
Betreff: Phil.Fak., Priv.-Doz.Dr.
Kurt G ö d e l,Aberkennung
der Lehrbefugnis.

Wien, am ___12.August___ 1939.
1. Minoritenplatz 5

ad Zl.   phil.Dek.129/1938/39 vom 12.Juli 1939.

An

den Herrn Rektor der Universität

in W i e n.

Zu dem Antrag, dem Privatdozenten für Mathematik Dr.
Kurt G ö d e l die Lehrbefugnis abzuerkennen, bemerke ich folgendes:

Auf Grund seinerzeitiger Verfügung ruht die Lehrbefugnis des Genannten bis auf weiteres.Da die frühere österr. Habilita-
tionsnorm samt Nachträgen nicht mehr in Kraft steht,fehlt mir eine
förmliche Handhabe zu der beantragten administrativen Massnahme.
Seine Lehrbefugnis wird jedoch entweder mit 1.Oktober 1939 durch
Unterlassung der Einbringung des Antrages seinerseits auf Ernennung
zum Dozenten neuer Ordnung oder durch die Verweigerung der Ernennung zum Dozenten neuer Ordnung seitens des Herrn Reichsministers
für Wissenschaft,Erziehung und Volksbildung endgültig erlöschen.
Es wird Ihre Sache sein, einen allfälligen Antrag Dr. Gödels auf
Ernennung zum Dozenten neuer Ordnung so einzubegleiten, dass die

./.

035

Schlussfassung des Herrn Reichsministers tatsächlich nach der angegebenen Richtung erfolgt.

Bei dieser Sachlage erübrigt es sich meines Erachtens sowohl in diesem Falle als auch in anderen Fällen, in welchen nach wie
vor die Lehrbefugnis ruht(anders, wo dies nicht oder nicht mehr der
Fall ist), besondere Schritte gegen einen Privatdozenten alter Ordnung,
dessen weitere Lehrtätigkeit unerwünscht ist, einzuleiten.

I.V.:

Plattner.

Für die Richtigkeit
der Ausfertigung:

The ministry suggested that the university should comment negatively on Gödel's application for Dozent of New Order. Gödel's political stance was termed as "doubtful".

CARL DECKER

WIEN, VII/62, STRASSE DER JULIKÄMPFER 52
TELEPHON B-37-3-10

Wien,17.August 1939.

Wohlgeboren Herrn
Dr.Kurt Gödel
19.,Himmelstr.43.

Sehr geehrter Herr!

Ich übersende reparierte Hose. Wie ich höre,
reisen Sie wieder nach Amerika. Sie werden gewiss etwas brauchen
und sicherlich Stoff bei sich zuhause haben.

Sollte eine Anfertigung in Frage kommen,so
könnten wir diese jetzt prompt erledigen und bitte ich Sie um
Ihren Auftrag,ev.könnte Reicher dieses den Stoff mitnehmen.

Mit Deutschem Gruß!

"Sending repaired trousers. I heard that you will travel to America again. You will certainly need a new suit."

Zwei Wochen vor Kriegsausbruch ahnte Gödels Schneider nicht, wie kritisch die Lage war. Gödel war ebenso optimistisch. Wenige Tage nach dem Hitler-Stalin Pakt kündigte er seinem Freund Menger die baldige Rückkehr nach Princeton an, in einem Brief, der in Mengers Augen »wohl einen Rekord an Unbeteiligtheit an der Schwelle welterschütternder Ereignisse« darstellte. Zwei Tage später verkündete Hitler dem jubelnden Reichsrat: »Ab 5 Uhr 45 wird zurück geschossen.«
Anfang September greift Hitler Polen an. England und Frankreich erklären Nazi-Deutschland den Krieg.

Two weeks before the outbreak of the war, Gödel's tailor did not know how critical the situation was. Gödel was equally optimistic. A few days after the Stalin-Hitler pact, he blissfully announced to his friend Karl Menger his intention of returning to Princeton forthwith, in a letter which, in Menger's eyes, "may well represent a record for unconcern on the threshold of world-shaking events". Two days later, Hitler informed a wildly cheering German Reichstag that "from 5.45 on, we are shooting back."
At the beginning of September, Hitler attacked Poland. England and France then declared war on Nazi Germany.

090277.26 · Wien am 30 XI 19 39

Rechnung

~~Herrn & Firma De Gödel XIX~~

6 XI 39 Beleuchtungen ~~umontiert~~ RM 1.20

Heil Hitler!

Georg Rathauscher's Wtw.
beh. konz. Elektrotechniker
Wien XIX., Himmelstraße 15
Telefon B 10-1-41

Es wird dunkel in Europa.

Darkness descends over Europe.

Gödel versuchte, ein amerikanisches Visum zu erhalten, um doch noch nach Princeton zurückkehren zu können. Gleichzeitig bemühte er sich um eine Dozentur neuer Ordnung an der Wiener Universität. Beides schien gleichermaßen aussichtslos. Gödel war inzwischen von der Stellungskommission als »tauglich für den Garnisonsdienst« befunden worden. Das amerikanische Konsulat in Berlin erteilte Visa nur sehr zögerlich.

Gödel applied for an American immigration visa to return to Princeton. At the same time he tried to become a Dozent (lecturer) of the New Order at the University of Vienna. Both applications seemed hopeless, for Gödel had in the meantime been found fit for garrison duty and the American consul in Berlin was reluctant to grant an immigration visa.

G.Z. 93/92 aus 1939/40   Wien, am 27.November 1939.

An
Se.Magnifizenz den Herrn Rektor
der Universität
in W i e n.

Über Aufforderung erstatte ich hiemit Bericht
über die Persönlichkeit des Priv.Doz.Dr. Kurt G ö d e l in fachli-
cher, politischer und charakterlicher Hinsicht:

Gödel geniesst in Fachkreisen, wie ich aus den
Urteilen der beiden o.Professoren der Mathematik an unserer Fakultät,
K. Mayerhofer und A. Huber, entnehme, in seinem Arbeitsbereich, das
das von Gödels Lehrer, dem jüdischen Professor Hahn besonders gepfleg-
te Grenzgebiet der Mathematik und Logik umfasst, besonderes Ansehen;
vor allem
besonders in USA, wo diese Grundlagenfragen der Mathematik weitere
Kreise interessieren, wird Gödel sehr geschätzt.

Wegen der politischen Beurteilung Gödels habe
ich den Universitäts-Dozentenbundsführer Prof. Marchet zu Rate gezogen,
dessen Urteil sich mit meinem persönlichen Eindruck völlig deckt.Gödel,
der in der Zeit heranwuchs, da die Mathematikerschaft Wiens gänzlich
unter jüdischem Einfluss stand, besitzt kaum ein inneres Verhältnis
zum Nationalsozialismus. Er macht den Eindruck eines durchaus unpoli-
tischen Menschen. Es wird daher auch aller Voraussicht nach schwieri-
geren Lagen, wie sie sich für einen Vertreter des neuen Deutschland
in USA sicherlich ergeben werden, kaum gewachsen sein.

Als Charakter macht Gödel einen guten Eindruck;
ich habe in dieser Hinsicht auch nie eine Klage über ihn gehört. Er
hat gute Umgangsformen und wird gesellschaftlich gewiss keine Fehler
begehen, die das Ansehen seiner Heimat im Auslande herabsetzen könnten.

Falls Gödel aus politischen Gründen die Ausreise

045

nach Amerika versagt werden sollte, erhebt sich allerdings die Frage
des Lebensunterhaltes für ihn. Gödel verfügt hier über keinerlei Ein-
kommen und will die Einladung nach USA nur annehmen, um seinen Unter-
halt bestreiten zu können. Die ganze Frage der Ausreise wäre hinfällig,
wenn es gelänge, Gödel innerhalb des Reiches eine entsprechend bezahlte
Stellung zu bieten.

D e r D e k a n :

G.

An das

Dekanat der philosophischen

Fakultät

der Universität Wien

Doz/Ma 0930/5/39   1654/818   30. Sept.   39
                         aus 1938/39
Ernennung zum Dozenten
neuer Ordnung.

     Der bisherige Dozent Dr. Kurt G ö d e l ist
wissenschaftlich gut beschrieben. Seine Habilitierung wurde von
dem jüdischen Professor Hahn durchgeführt. Es wird ihm vorgeworfen immer in liberal-jüdischen Kreisen verkehrt zu haben. Es muß
hier allerdings erwähnt werden, daß in der Systemzeit die Mathematik stark verjudet war. Direkte Äußerungen oder eine Betätigung
gegen den Nationalsozialismus sind mir nicht bekannt geworden. Seine
Fachkollegen haben ihn nicht näher kennengelernt, sodaß weitere
Auskünfte über ihn nicht zu erhalten sind. Es ist mir daher auch
nicht möglich seine Ernennung zum Dozenten neuer Ordnung ausdrücklich zu befürworten, ebensowenig habe ich aber die Grundlagen mich
dagegen auszusprechen.

                        Heil Hitler!

                        Dr. A. Marchet, Dbdf.

                        Dozentenbundsführer
                        d. Universität Wien

068

0006

Wien, 11./XII. 1939.

Ich versichere hiemit keine andern als die nachfolgen
unter 1-8 angegebenen Vermögenswerte zu besitzen

1. RM 650 – Nom. Oberösten. 4½% Pfandbrief.

2. RM 600 – Nom. 4½% Reichsanleihe 1938

3. sFr 1500 – Nom 5% A.E.G. Obligationen

4. RM 1854 – Kontokorrenteinlage beim
   Wiener Bankverein

5. Kč 1684 – Kontokorrenteinlage bei der A
   čechosl. u. Prager Kreditbank
   (Filiale Brünn)

6. 4½ Stück 2 Brünner Eisenaktien

7. 1 Stück Simmeringer Waggonfabriks aktie

8. Ein Hausanteil in Brünn im Werte von
   etwa 10000 – RM.

   Dr. Kurt Gödel

Gödel had to list his possessions, which by then were rather modest.
The NS-Dozentenbundführer mentions that Gödel "had moved in liberal-Jewish circles" ("stark ver-
judet"), but had to his knowledge never directly opposed National Socialism. The confidential report
by the Dean stresses that Gödel's teacher Hahn was Jewish, and that Gödel had grown up at a time
when Viennese mathematics had been completely under Jewish influence. Gödel had "hardly a
deeply-felt relationship with National Socialism", and seemed completely apolitical. Hence, "he
will hardly be up to the difficult situations bound to confront a representative of the New Germany
in the United States". On the other hand "he has good manners and will certainly not commit any
social gaffes likely to lower the prestige of his home-country abroad". And finally, it would be easier
to refuse his leave if he had a salaried position within the Reich.

October 16, 1939

Dear Doctor Flexner:

Many thanks for showing me Mr. A. W. Warren's letter of October 10 (marked VD 811.111) concerning Professor Gödel's situation. I understand that little can be done as far as his relationship with the German military authorities is concerned, but I still hope, on the basis of the information before us, that the main difficulty is that of securing a United States visa. The information requested by Mr. Warren can be stated as follows:

1. As you know, and as I pointed out in my previous letter to you, Gödel is a mathematician of more than first rank. He is a class by himself.

2. As far as the formal requirements of the regulations go for granting a non-quota visa to a professor, the situation is as follows: Gödel has of course had considerably more than two years of teaching experience. As far as his teaching in Austria is concerned, it was interrupted before his present application, but I think that the instructions mentioned above are favorable to his case, since they state:

> The applicant must establish that he has followed the vocation of professor continuously for at least two calendar years immediately prior to applying for admission into the United States, except that consideration may be given to the attendant circumstances in cases where the applicant's vocation may have been interrupted for reasons beyond his control. (The underscoring is mine.)

Gödel's teaching in Austria was terminated by his being suspended from office by the German Government after the invasion and annexation of Austria in March 1938.

3. The details of his scientific career are as follows:

a) Ph.D. University of Vienna 1930;

b) Habilitiert (i.e. admitted as "Privatdozent", approximately equivalent to our Assistant Professor): I have been unable to verify the date, but it was certainly no later than 1934;

Doch das Institute for Advanced Study war der Lage gewachsen. In einer meisterhaften Analyse wies John von Neumann den IAS-Direktor auf einen Ausweg aus der scheinbar hoffnungslos verfahrenen Situation hin.

But the Institute for Advanced Study proved up to the task. In a masterful analysis John von Neumann shows the director a way out of the seemingly hopeless situation.

c) Suspended from teaching: by the German Government after the annexation
   of Austria in March 1938

d) He has repeatedly worked and lectured in the United States:
   Institute for Advanced Study, Princeton, N.J. - (academic year, 2 terms)
           1933-1934 - 2 terms
           1935-1936 - 1st term
           1938-1939 - 1st term
   University of Notre Dame, 1938-1939, 2d term
           He is now in possession of an invitation for 1939-1940 to the
   Institute for Advanced Study for two terms.

        Professor Gödel's stipends at the Institute for Advanced Study
were, in the three instances mentioned above, $3,000 (for two terms),
$2,000 (for one term), $2,500 (for one term). The stipend which his
present invitation carries is $4,000 (for two terms). All these sums
include travel expenses. He will probably also be invited for lectures
at Notre Dame in 1939-1940. As you will see, his honoraria have steadily
increased, and anybody in our group can assure you that the only reason
for the lack of continuity of his appointments was his desire to return
to Vienna from time to time. There can be not the slightest doubt that
he will find a permanent position in this country.

        4. As I pointed out previously, he was legally admitted to
this country for permanent residence in 1933 or 1935, but the return
permit with which he went back to Austria in 1936 lapsed before his next
trip -- on a visitor's visa -- in 1938.

        I think that there cannot be the slightest doubt of his being
a professor in the sense of the law.

        I shall be glad of course to give you any further information
desired.

                Sincerely yours,

Dr. Abraham Flexner
Institute for Advanced Study   John von Neumann
Princeton, N.J.
JvN:GB

Flucht um die Erde – *Flight around the Globe*

Das Wunder geschieht knapp vor Weihnachten: Gödel erhält in Berlin Ausreisevisen für sich und seine Frau. Am 8. Jänner 1940 erhält er das amerikanische Einreisevisum und am 12. das sowjetische Durchreisevisum.

The miracle occurs shortly before Christmas. In Berlin, Gödel obtains an emigration visa for himself and his wife. On 8 January 1940, he obtains the American immigration visa and on 12 January the transit visa through the Soviet Union.

Nach Kriegsausbruch schien eine Überfahrt über den Atlantik zu gefährlich. Die Gödels mussten die Route über Sibirien und den Pazifik wählen.

An Atlantic crossing seemed too risky during war time. The Gödels had to take the route via Siberia and the Pacific.

Es war eine Gratwanderung. Polen war zwischen Hitlers Deutschland und Stalins Sowjetunion aufgeteilt worden. Litauen war noch nicht besetzt. Japan hatte die Mongolei erobert und drang in China immer weiter vor. Der Pakt zwischen Deutschland und Japan war noch nicht geschlossen.

The itinerary was precarious. Poland had been divided between Hitler's Germany and Stalin's Soviet Union. Lithuania had not yet been occupied. Japan had invaded Mongolia and penetrated deeply into China. The pact between Germany and Japan had not been signed yet.

Die Reise dauerte 42 Tage. Ein guter Teil davon führte durch die sibirische Winternacht. Die Ankunft in Japan verspätete sich, sodass die Gödels in Yokohama fast drei Wochen auf ihr Schiff, die *President Cleveland*, warten mussten.

The journey lasted 42 days. A great part of it was Siberian winter night. The arrival in Japan was delayed, so the Gödels had to wait almost three weeks in Yokohama for their ship, the President Cleveland.

Mitte März kam Gödel in New York an. In neun Monaten hatte er die Welt umrundet. Er sollte nie wieder eine längere Reise unternehmen.

Gödel arrived in New York in mid-March. In nine hair-raising months he had circled the globe. He would never again embark on a distant journey.

Das Institute for Advanced Study war übersiedelt. Die eigens errichtete Fuld Hall befand sich in einem idyllischen Park, durch einen Golfplatz von der Universität getrennt.

The Institute for Advanced Study had moved. The newly built Fuld Hall was surrounded by an idyllic part and separated from the University by a golf course.

Ein beträchtlicher Teil der vormaligen Wiener Kollegen Kurt Gödels hatte den schützenden Hafen der USA erreicht, so etwa die Philosophen Carnap, Feigl, Bergmann oder die Mathematiker Mayer, Menger, Wald, Alt und Helly. Die Gödels trafen mehrmals mit dem Schriftsteller Hermann Broch zusammen. Die engsten Beziehungen gab es zum Ökonomen Oskar Morgenstern, der an der Universität von Princeton Professor war.

A considerable part of Goedel's former Viennese colleagues had reached the safe haven of the USA, such as the philosophers Carnap, Feigl, Bergmann and the mathematicians Mayer, Menger, Wald, Alt and Helly. The Gödels occasionally met the writer Hermann Broch. Closer contacts developed with the economist Oskar Morgenstern, who was a professor of economics at Princeton University.

Morgenstern notes in his diary:
"*Goedel arrived from Vienna. Via Siberia. This time with wife. When asked about Vienna: 'The coffee is wretched' (!) He is very funny, with his mixture of profoundity and otherworldlyness.*"

Von "enemy alien" zum "permanent member"

U. S. DEPARTMENT OF JUSTICE

IMMIGRATION AND NATURALIZATION SERVICE

PHILADELPHIA. PA.

ADDRESS REPLY TO
ASSISTANT COMMISSIONER
FOR ALIEN REGISTRATION
AND REFER TO FILE NUMBER

February 10, 1944

AB-4091237

Mr. Kurt Godel
108 Stockton Street
Princeton, New Jersey

My dear Mr. Godel:

Your Application to Amend, Correct or Otherwise Adjust Alien Registration or Alien Enemy Identification Records or both has been received by this Division.

On the basis of the facts presented in the Application, the following amendment to your records has been approved:

Amendment of Alien Registration Record from citizen or subject of_____Germany_____ to citizen or subject of_____Austria_____

Amendment of Alien Enemy Identification Record from citizen or subject of_____Austria_____ to citizen or subject of_____Austria_____

In view of the approval of the above amendment to your records, you are instructed to surrender your Certificate of Identification to this Division. The Certificate should be accompanied by an appropriate letter of explanation.

You should retain your Alien Registration Receipt Card.

Sincerely yours,

Enclosures: Tauf-Schein
Police Report

Donald R. Perry

DONALD R. PERRY
Assistant Commissioner
for Alien Registration

Form AR-AE-565a
2-8-43

Da die Gödels mit deutschen Pässen in die USA eingereist waren, galten sie nach Hitlers Kriegserklärung an die Vereinigten Staaten im Dezember 1941 als »feindliche Ausländer«. Sie erwirkten aber die Rücknahme dieser Entscheidung.

Since the Gödels had entered the USA on German passports, they counted as "enemy aliens" after Hitler had declared war on the United States in December 1941. But they obtained an exemption.

April 14, 1943

Selective Service Board
6 Nassau Street
Princeton, New Jersey

Attention Miss Jones

Dear Miss Jones:

Dr. Kurt Gödel, a member of the School of
Mathematics of the Institute for Advanced Study, informs
me that he has recently been reclassified and down as 1A.
Dr. Gödel, like most refugees from Nazi Germany, is eager
to do anything he can in support of the American war
effort, but under the circumstances I think I ought to
inform the Selective Service Board that Dr. Gödel has
twice since he has been in Princeton shown such signs
of mental and nervous instability as to cause the doctors
who were consulted to diagnose him as a psychopathic case.
When he was here in 1938 this mental disturbance was so
severe that it became necessary to send him back to his
home in Austria. He responded so well to the treatment
that we invited him again to come to the Institute in
1940 and he has been here since that time. Last year,
however, the symptoms returned and it has been necessary
for him again to have medical treatment, which was
carried out under the direction of Dr. Vanneman, who
knows more about the case than anyone in Princeton.

Mathematically, it would perhaps not be an
exaggeration to call Dr. Gödel a genius. There are
people who believe him to be the best man in the world
in his particular phase of the subject. This ability,
however, is unfortunately accompanied by certain mental
symptoms which, while they do not prevent active work
in mathematics, might prove serious from the standpoint
of the Army. Dr. Vanneman would be the best person to
supply you with medical details concerning this case.

Yours sincerely,

FA/MCE   FRANK AYDELOTTE, Director

Als die USA in den Krieg eintraten, wurde Kurt Gödel nochmals zu einer Stellungskommission geladen. Der IAS-Direktor teilte der Kommission mit, dass Gödel zwar genial, aber psychopathisch sei.

After the US had entered the war, Kurt Gödel was again summoned to an Army examination board. The director of IAS wrote to the commission that Gödel was a genius but psychopathic, and added a few details obtained from Gödel's wife.

Gödels Anstellung beim IAS wurde zunächst von Jahr zu Jahr verlängert.

At first, Gödel's position with IAS was continued on a yearly basis.

80

Gödel wurde ein enger Freund Einsteins.

Gödel and Einstein became close friends.

Adele, die zunächst nicht Englisch sprach, fand sich in der neuen Umgebung nur schwer zurecht. Die Gödels wechselten mehrmals die Wohnung. Die heißen Sommermonate verbrachten sie an der nahe gelegenen Atlantikküste. Gödel, der häufig nachts allein am Strand spazierte, machte sich als »enemy alien« manchmal verdächtig.

Adele, who at first spoke no English, had trouble adapting to her new surroundings. The Gödels moved apartments several times. They spent the hot summer months on the Atlantic coast nearby. Gödel, who often walked alone at night along the beach, aroused some suspicions as an "enemy alien".

Gödels Versuche, die Unabhängigkeit der Kontinuumshypothese zu beweisen, schlugen fehl. Er wandte sich zunehmend der Philosophie zu; er wurde aufgefordert, einen Aufsatz über Russells mathematische Logik zu schreiben. Gödel lieferte die endgültige Version seines Aufsatzes verspätet ab. Russell erwiderte bloß, dass es in Hinblick auf die großen Fähigkeiten Gödels höchst wahrscheinlich sei, »dass viele seiner Kritiken an mir berechtigt sind«.
Im Juli 1946 wurde Gödel zum permanent member des IAS ernannt. Seine Zukunft war gesichert. Er gehörte jetzt zu einem sehr illustren Mathematikerkreis.

Gödel's attempts to prove the independence of the continuum hypothesis failed. More and more he turned to philosophy. He was asked to write an essay on Russell's mathematical logic. Gödel was late in delivering the last version of his essay. Russell only replied that in view of Gödel's great abilities, it was "highly likely that many of his criticisms of me are justified".
In July 1946 Gödel became a permanent member of the IAS. His future was secure. He now belonged to a very illustrious circle of mathematicians.

Nachspiel in Wien – *Meanwhile, in Vienna*

Die Universität Wien fuhr fort, Gödels Ansuchen um die Dozentur neuer Ordnung zu bearbeiten. Ein Ministerialbeamter bemäkelte weiterhin, dass Gödel ohne die nötige Erlaubnis verreist war, und erkundigte sich nach seiner »offenkundig erfolgten« Rückkehr, ohne zu ahnen, dass sich Gödel inzwischen schon wieder in Amerika befand. Dem Ministerium erschien auch der Beweis der arischen Herkunft von Kurt und Adele Gödel unbefriedigend.

The University of Vienna went on with proceeding Gödel's application for "Dozent of the New Order". A ministry official kept harking on the fact that Gödel had taken leave without proper authorization, and inquired into the details of his return ("which obviously took place"), without suspecting that Gödel had, by then, left once more for the United States. The ministry also took exception to the proof of the Aryan descent of Kurt Gödel and his wife – the sixteen documents that had been submitted should be supplemented, at the very least, by the marriage certificates of Kurt and Adele's parents (if not, in addition, the four certificates of their grand parents!).

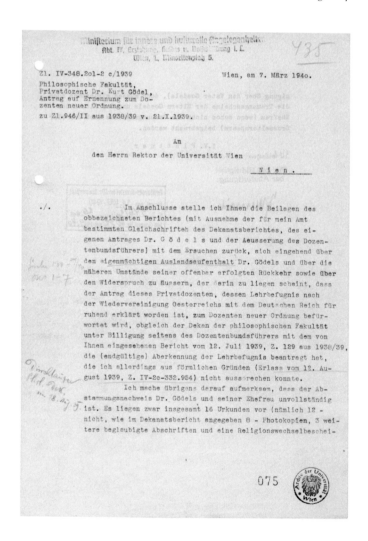

Trotz dieser Einwände wurde Gödel schließlich doch zum Dozent ernannt. Das Diplom vom 28. Juni 1940 versichert Gödel des »besonderen Schutzes durch den Führer« (der knapp zwei Wochen davor Paris eingenommen hatte). Das Diplom wurde nicht abgeholt, und die Übernahmebestätigung wartet auf Gödels Unterschrift.

Despite these concerns, Gödel was finally granted the title of Dozent. The emblazoned diploma from 28 June 1940 states that Gödel can be assured of the "special protection by the Führer" (who two weeks ago had taken Paris). The diploma is still waiting to be collected, together with a slip prepared for Gödel to sign.

Im Namen des Führers

ernenne ich

unter Berufung in das Beamtenverhältnis den Privatdozenten

Dr.phil.Kurt Gödel

zum Dozenten.

Ich vollziehe diese Urkunde in der Erwartung, daß der Ernannte getreu seinem Diensteide seine Amtspflichten gewissenhaft erfüllt und das Vertrauen rechtfertigt, das ihm durch diese Ernennung bewiesen wird. Zugleich darf er des besonderen Schutzes des Führers sicher sein.

Berlin, den 28. Juni 1940.

Der Reichsminister für Wissenschaft, Erziehung und Volksbildung Im Auftrage

Jahrelang wurde nach dem Verbleib von Kurt Gödel gesucht. Die Antworten seines Bruders wurden zunehmend ungeduldig. Der deutsche Konsul in New York hatte vor Atlantiküberquerungen gewarnt.

For years, authorities kept inquiring into the whereabouts of Dozent Gödel. His brother's responses became increasingly curt. The German Consulate in New York had warned against crossing the Atlantic.

Bestätigung:

Ich bestätige, die Ernennungsurkunde des Herrn Reichsministers für Wissenschaft, Erziehung und Volksbildung, sowie den Begleiterlaß **W P Gödel 2 a v.28.VI.1940** und /am heutigen Tage 16 Dokumente übernommen zu haben.

Wien, am.........................

....
(Kurt Gödel)

43/5

084

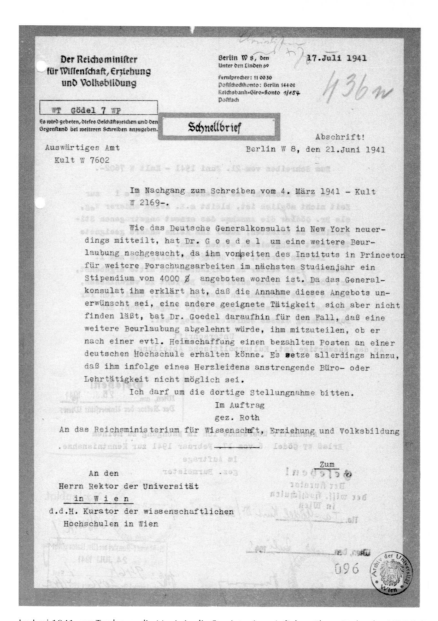

Der Reichsminister
für Wissenschaft, Erziehung
und Volksbildung

Berlin W 8, den
Unter den Linden 69

Fernsprecher: 11 00 30
Postscheckkonto: Berlin 14408
Reichsbank-Giro-Konto 1/154
Postfach

17.Juli 1941

WT Gödel 7 WP

Es wird gebeten, dieses Geschäftszeichen und den
Gegenstand bei weiteren Schreiben anzugeben.

Schnellbrief

Abschrift!

Auswärtiges Amt
Kult W 7602

Berlin W 8, den 21.Juni 1941

Im Nachgang zum Schreiben vom 4. März 1941 – Kult
W 2169–.

Wie das Deutsche Generalkonsulat in New York neuer-
dings mitteilt, hat Dr. G o e d e l um eine weitere Beurlaubung nachgesucht, da ihm vonseiten des Instituts in Princeton
für weitere Forschungsarbeiten im nächsten Studienjahr ein
Stipendium von 4000 $ angeboten worden ist. Da das General-
konsulat ihm erklärt hat, daß die Annahme dieses Angebots unerwünscht sei, eine andere geeignete Tätigkeit sich aber nicht
finden läßt, bat Dr. Goedel daraufhin für den Fall, daß eine
weitere Beurlaubung abgelehnt würde, ihm mitzuteilen, ob er
nach einer evtl. Heimschaffung einen bezahlten Posten an einer
deutschen Hochschule erhalten könne. Es setze allerdings hinzu,
daß ihm infolge eines Herzleidens anstrengende Büro- oder
Lehrtätigkeit nicht möglich sei.

Ich darf um die dortige Stellungnahme bitten.

Im Auftrag
gez. Roth

An das Reichsministerium für Wissenschaft, Erziehung und Volksbildung

An den
Herrn Rektor der Universität
in W i e n
d.d.H. Kurator der wissenschaftlichen
Hochschulen in Wien

096

Im Juni 1941, am Tag bevor die Nazis in die Sowjetunion einfielen, übermittelte das NS-Ministerium der Universität Wien ein Schreiben des deutschen Konsulats in New York. Demnach war Gödel aufgefordert worden, seinen Aufenthalt am Institute for Advanced Study nicht zu verlängern. Gödel verlangte als Gegenleistung eine besoldete Stellung in Deutschland, und fügte hinzu, dass seine Herzbeschwerden anstrengende Tätigkeiten nicht erlaubten.

In June 1941 (one day before the Nazis invaded the Soviet Union) the NS-ministry forwarded to the University of Vienna a statement by the German Consulate in New York which had explicitly advised Gödel not to extend his stay at the Institute for Advanced Study. Gödel had asked in reply for a salaried position in Germany, adding that his heart condition precluded strenuous activities.

Citizen Gödel

In den Monaten nach Kriegsende konnte Kurt Gödel mit seiner Mutter und seinem Bruder wieder Kontakt aufnehmen. Da Rudolf Röntgenarzt war, hatte er nicht zur Wehrmacht einrücken müssen. Gödels Mutter, die 1937 ihr Haus in Brno wieder bezogen hatte, war im August 1944 nach Wien zurückgekehrt, trotz der Bombenangriffe. Das ersparte ihr die Vertreibung nach dem Krieg.
In den Nachkriegswirren war die Korrespondenz sehr unzuverlässig und unterlag einer strengen Zensur. Gödel schickte regelmäßig Geld und Care-Pakete.

In the months after the war Kurt Gödel resumed contact with his mother and his brother. Rudolf, as a radiologist, had not needed to serve in the armed forces. Gödel's mother, who had returned in 1937 to her house in Brno, left for Vienna in August 1944, despite Allied bombing raids, and thus avoided being expelled by the Czechs after the war.
In the post-war years, mail service was erratic, and everything was submitted to strict censorship. Gödel regularly sent money and care-packages.

Ich könnte in einem Hotel in der Josefstadt wohnen u. mir Obst u. Gemüsekonserven mitnehmen (N.B. Gibt es nicht auch in Wien sog. Babykonserven, in denen alles passiert u. ohne Gewürz zu bereitet ist?). Außer den Konserven würde ich dann nur einmal in der Woche ein Huhn brauchen (das sich ja 8 Tage hält), ferner Kartoffelpüree u. 2 Eier im Tag zu Schnee geschlagen u. 2 Eier mit Milch geschlagen; dafür könnte ich einen elektrischen Schneeschläger kaufen, wenn Ihr nicht schon einen habt. Das Brot muss getoastet sein. Habt Ihr einen elektr. Toast-roaster? Es kann übrigens sein, dass ich im Herbst keine so strenge Diät mehr brauche. Es geht mir jetzt gesundheitlich recht gut. Ich habe weiter zugenommen, so dass ich schon fast wieder mein Gewicht vor der Blutung erreicht habe. Schlagobers esse ich nicht, aber Milch mit Ei geschlagen (was hier Eggnogg heisst) ist ja noch nahrhafter. Bitte schreibe mir möglichst bald, was Du von der Idee, im 3–4 Wochen nach Wien zu kommen, hältst. Das Stereoskop ist wirklich hübsch. Ich wundere mich nur, dass es nicht viel mehr Bilderserien gibt u. dass diese so teuer sind. Das scheint übrigens nicht nur meine Meinung zu sein. In ei-
...

Gödel hatte eine lebensgefährliche Erkrankung überstanden.
Ein Zwölffingerdarmgeschwür hatte Magenblutungen verursacht. Gödel musste sich an strenge Diätvorschriften halten, wie aus diesem Brief hervorgeht.

Gödel had undergone a life-threatening illness. A duodenal ulcer had caused internal bleeding. Gödel had to follow strict dietary rules, as shown in this letter.

Adele kehrte im Sommer 1947 für mehr als ein halbes Jahr in das besetzte Nachkriegs-Wien des »Dritten Mannes« zurück; sie kümmerte sich um ihre Familie. Gödel verblieb in Princeton, und widmete sich ganz seinen kosmologischen Arbeiten, die später durch den Einstein-Preis geehrt wurden.

Adele returned in the summer of 1947 into the occupied post-war Vienna of "The Third Man", to take care of her relatives. Gödel remained in Princeton, engaged in cosmological work that would earn him the Einstein Award.

Kurt Gödel kam nie wieder nach Wien. Später sollte er schreiben:

> Wie kannst Du nur auf die Idee kommen, dass ich nicht gern komme. Natürlich käme ich mehr als gerne, aber eines ist schon richtig, dass es mir, abgesehen davon, dass Ihr in Wien lebt, gar nicht angenehm ist, nach Europa, u. speziell nach Österreich, zu fahren. Ich habe Dir ja die Gründe dafür schon einmal angedeutet u. Dir auch geschrieben, dass ich eine Zeit lang von Alpträumen geplagt wurde, dass ich nach Wien fuhr u. nicht zurückkonnte. Nun sind ja Alpträume gewiss kein triftiger Grund u. ich habe mir daher ja auch trotzdem vorgenommen, die Reise zu machen, aber das unangenehme Gefühl bleibt bestehen, wenn es auch im Abnehmen ist. — Beiliegend schicke ich Dir ein Bild, das in Yale am Tage der Verleihung des Ehrendoktorats aufgenommen wurde, u. zwar „hinterrücks", d.h. ohne dass ich eine Ahnung davon

Kurt Gödel never returned to Vienna. He later wrote to his mother that he suffered from nightmares about being trapped in Vienna again.

"I have already hinted at the reasons and wrote to you that I have been plagued for a time by nightmares that I had travelled to Vienna and was unable to leave. Of course nightmares are no valid reasons and hence I have decided nevertheless to make the journey, but the disagreeable feeling persists, although it is decreasing."

Gödel wrote to his mother:
"That Austrians today often do not wish to see their colleagues return is probably true and is partly based on purely material grounds. Indeed, as the Austrian government considers the Hitler regime to have been imposed illegally, it should in fact be obliged to revoke all dismissals from the universities. In most cases those concerned would forsake the opportunity to return anyway but apparently they do not even get the offer."

1948 wurden Kurt und Adele Gödel zu US-Bürgern. Gödel hatte die US-Verfassung genau studiert. Beim Einbürgerungsverfahren konnten ihn seine beiden Zeugen, Einstein und Morgenstern, nur mit Mühe davon abhalten, den Richter auf Widersprüchlichkeiten hinzuweisen. »Darauf brauchen Sie nicht eingehen«, unterbrach ihn der Richter.

In 1948, Kurt and Adele Gödel became American citizens. Gödel had made a thorough study of the US constitution and worried about its inconsistencies. At the hearing in Trenton, Einstein and Morgenstern, his two witnesses, were barely able to prevent Gödel from openly explaining his concerns. "You need not go into that", said the judge.

»Das ist die vorletzte Prüfung«, sagte Einstein zu Gödel vor dessen *hearing.* »Die letzte erwartet uns, wenn wir ins Grab steigen.«

"The next to last test", said Einstein to Gödel when the hearing approached. "The last will be when you step into the grave."

Gödels vierte Staatsbürgerschaft (nach der tschechoslowakischen, österreichischen und deutschen).

This was Gödel's fourth nationality (after the Czechoslovakian, the Austrian, and the German).

Gödel mit Morgenstern

Gödel with Morgenstern

House and Garden

Kurt und Adele feierten ihren zehnten Hochzeitstag im Empire State Building.
Im Jahr darauf erwarben sie ein Haus in der Linden Lane, am Stadtrand von Princeton.

In 1948, Kurt and Adele celebrated their tenth wedding anniversary in the Empire State Building. The following year they purchased a house in Linden Lane, then on the outskirts of Princeton.

Adele begann sich mit dem Gedanken abzufinden, in Princeton zu bleiben, und widmete sich der Pflege von Haus und Garten. Sie erwarb ein angrenzendes Grundstück und wurde zur leidenschaftlichen Gärtnerin.

Adele resigned herself to the idea of remaining in Princeton and turned to caring for her house and garden. She bought an adjoining lot and became a passionate gardener.

"Our latest acquisition is a marabou in stone, which Adele has placed in the centre of the large flowerbed opposite my window. She has painted the wings in pink and black and the beak in black. It really looks awfully cute, especially if the sun shines on it."

war, ich glaube, eine sehr gute Idee. Ich kann mir
nicht denken, dass er in dem Zimmer irgendwie stö-
rend wirkt, wo er doch klein ist u. ausserdem
sicher ein schöner Stück. Hier bei uns ist alles in Ordnung. Unsere neueste Acquisition ist ein steinerner
Marabou, den Adele in die Mitte des grossen Blumen-
beetes gegenüber meinem Fenster gestellt hat. Sie
hat die Flügel rosa u. schwarz u. den Schnabel

schwarz gestrichen. Er sieht wirklich furchtbar hä-
sig aus, besonders wenn ihn die Sonne anscheint.
Da macht er den Eindruck, als wenn er aus Glas
u. von innen beleuchtet wäre. — Mrs Hager ist nach
einer Woche schon wieder von hier weg u. in ihr
Sommerhaus in Littleton gefahren. Adele will sie

Gödel arbeitete meist zuhause und ging üblicherweise nur für ein paar Stunden täglich in sein Büro.

Gödel mostly worked at home, and usually went to his office only for a couple of hours per day.

den ist ja sicher psychisch bedingt. Eine Zeit lang hatte ich ganz merkwürdige psychische Zustände. Ich hatte das unabweisliche Gefühl, dass ich nur noch kurze Zeit zu leben habe u. dass mich die gewohnten Dinge meiner Umgebung, das Haus, die Bücher etc. nichts mehr angehen. Das lähmte mich derartig, dass ich mich zu keinen meiner gewohnten Tätigkeiten aufraffen konnte. Das hat sich jetzt auch gegeben, aber natürlich bin ich durch die ganze Sache in meinen Kräften etwas heruntergekommen, so dass ich mich jetzt durch Essen u. Ruhe erholen muss. Also jetzt seid Ihr wenigstens ungefähr über meinen Zustand orientiert. Dein Briefel 219 will ich nächstes Mal beantworten.

Mit tausend Bussi's u. herzlichen Grüssen an Rudi   immer Dein Kurt

Trotz seines nunmehr geruhsamen Lebens wurde Kurt Gödel weiterhin von psychischen Krisen heimgesucht.

Despite his quiet life-style, Kurt Gödel kept suffering from psychic crises. He writes to his mother and brother:

"For some time I have been a victim of very strange emotional states. I had the irrepressible feeling that I had only a short span to live and that the usual things surrounding me, such as the house, the books etc did not concern me any longer. This paralysed me so much that I could not force myself to engage in any of my usual occupations. This is gone by now but of course I have been rather weakened by the whole thing, so that I have now to recuperate by eating and resting."

U. S. A. gelandet. Ich habe ihn allerdings noch
nicht gesehen. – Was sagst Du zu Adenauer's Sieg?
Das ist doch Brünning II. u. ich hoffe nur, dass die
Fortsetzung nicht dieselbe sein wird. Ich freue
mich, zu hören, dass die Zensur in Österreich endlich
abgeschafft wurde, u. noch mehr darüber, dass Du
das als ein Verdienst Eisenhowers ansiehst. Es
besteht nämlich entschieden die Tendenz, für das
mancherlei Gute, das jetzt im Felde der Politik
doch geschieht (soweit es überhaupt anerkannt wird),
prinzipiell niemals auf Eisenhower, sondern auf alle
möglichen anderen Umstände zurück zu führen. Im

Laut Einstein hatte Gödel »an Eisenhower einen Narren gefressen«. »Gödel ist jetzt endgültig übergeschnappt. Er wählt Eisenhower.«

Gödel was spell-bound by Eisenhower, to Einstein's dismay. "Gödel has gone off his rocker completely. He is voting for Eisenhower."

In den frühen fünfziger Jahren wurden Gödel viele Anerkennungen zuteil. Nach dem Einsteinpreis kamen Ehrendoktorate der Universitäten von Yale und Harvard, die prestigeträchtige Gibbs Lecture vor der American Mathematical Society und die Wahl in die National Academy of Science.

In the early fifties, honors began to be showered on Gödel. After the Einstein Award came honorary doctorates from the universities of Yale and Harvard, the prestigious Gibbs Lecture of the American Mathematical Society, and election to the National Academy of Science.

Kurt Gödel

DOCTOR OF SCIENCE

Discoverer of the most significant mathematical truth of this century, incomprehensible to laymen, revolutionary for philosophers and logicians.

1953 wurde Kurt Gödel zum Professor am Institute for Advanced Study ernannt. Die Beförderung war längst überfällig. »Wie kann einer von uns Professor sein, wenn es Gödel nicht ist?«, hatte John von Neumann gemeint.
Gödel musste sich jetzt den Angelegenheiten der Fakultät widmen. Diese bestanden im wesentlichen darin, zu entscheiden, welche Wissenschaftler ans Institut aufgenommen werden sollten. Gödel behandelte diese Fragen mit solcher Akribie, dass man ihn schließlich bewog, nur mehr im Sonderausschuss für mathematische Logik mitzuarbeiten.

In 1953 Kurt Gödel became professor at the Institute for Advanced Study, a promotion that was long overdue. "How can any of us be a professor as long as Gödel isn't?", John von Neumann had asked. Gödel now had to deliberate on faculty affairs. These consisted essentially in reaching decisions about whom to appoint at the Institute. Gödel dealt with these questions so overly conscientiously that he was eventually asked to collaborate only in the special section for mathematical logic.

He wrote to his mother: "I often remember with regret the beautiful time when I did not have the honor of being professor at the Institute. On the other hand the salary is better!"

Gödel hatte nie Studenten. Als Professor am Institute for Advanced Study hielt er keine Vorlesungen oder Seminare, und veröffentlichte nur eine einzige Arbeit, die er schon viele Jahre vorher geschrieben hatte.

Aber er arbeitete mit höchster Intensität an philosophischen Fragen. 1953 war er aufgefordert worden, einen Essay über Carnap zu schreiben. Fünf Jahre nach dem ursprünglichen Abgabetermin teilte Gödel dem Herausgeber mit, dass er keinen Beitrag einreichen würde. Jahrzehnte später fand man im Nachlass sechs verschiedene Fassungen des Aufsatzes mit dem Titel *Is Mathematics Syntax of Language?*

1956 erschien im *Scientific American* ein Artikel über Gödels Unvollständigkeitssatz. Die Autoren, Nagel und Newman, brachten 1958 auch das erste populärwissenschaftliche Buch über Gödels Beweis heraus.

Nach dem Tod von Albert Einstein im Jahr 1955, John von Neumann 1957 und Oswald Veblen 1960 fühlte sich Gödel am Institute for Advanced Study zunehmend isoliert.

Gödel never had students. As professor at the IAS he gave no lectures or seminars and published only one paper, which he had written many years earlier.

But he worked intensively on philosophical questions. In 1953 he had been asked to write an essay on Carnap. Five years after the original deadline, Gödel told the editor that he would not submit a contribution. Six different versions of the essay Is mathematics syntax of language? *were discovered, decades later, among his unpublished works.*

In 1956 a paper on Gödel's Incompleteness Theorem appeared in the Scientific American. *The authors, Nagel and Newman, also published the first popular book on Gödel's proof.*

After the deaths of Albert Einstein in 1955, John von Neumann in 1957 and Oswald Veblen in 1960, Gödel felt increasingly isolated in the Institute for Advanced Study.

RADIOGRAMM

RADIO-AUSTRIA
Aktiengesellschaft
Wien I, Renngasse 14
VIA RADIO AUSTRIA

Nr. 2138

LN/BI+1910+

LLA25 PRINCETON NJER + 16/15 1 1015A =

RUDOLF GOEDEL LERCHENFELDERSTER 81 VIENNA=

SEIT 4 WOCHEN HERZZUSTAENDE UND DEPRESSION WERDE BALD

SCHREIBEN =

KURT +

81 4 +

"For four weeks [I've had] cardiac troubles and depression. Will write soon"

1958 war Gödels Mutter klar geworden, dass ihr Sohn nicht mehr nach Wien kommen würde. So flog die beinahe 80-Jährige, begleitet von Rudolf, in die USA. Die Reise war ein Erfolg und wurde alle zwei Jahre wiederholt, bis zum Tod der Mutter 1966. Der Kontakt zwischen den Brüdern ließ dann nach.

By 1958 Gödel's mother understood that her son would never come to Vienna again. Although nearly eighty, she thus flew to the USA, escorted by Rudolf. The trip was a success and was repeated every other year until her death in 1966. Contacts between the two brothers then faded.

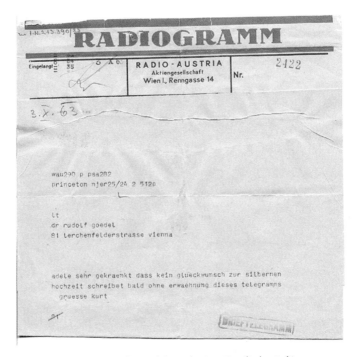

Bis zuletzt musste Gödel Empfindlichkeiten zwischen Adele und seiner Familie besänftigen.

To the end, Gödel had to smooth over ill feelings between Adele and his family.
In a telegram, he writes: "Adele very wounded by [receiving] no wishes for silver wedding. Write
soon without mentioning this telegram."

Nach dem Sputnik-Schock hatten die Vereinigten Staaten mit hohem finanziellen Aufwand eine wissenschaftliche Offensive gestartet, die bald Früchte trug. Die rasante Entwicklung des Computers führte zu zahlreichen Fortschritten in der mathematischen Logik und verwandten Gebieten, wie etwa Computerarchitektur, Algorithmen, Computeralgebra, Berechenbarkeit, Rekursionstheorie, Komplexitätstheorie etc. Paul Cohen bewies die Unabhängigkeit der Kontinuumshypothese – ein Problem, mit dem Gödel viele Jahre gerungen hatte.
Die Ehrungen häuften sich: korrespondierendes Mitglied des Institut de France, auswärtiges Mitglied der Royal Society, National Medal of Science ... Die Wahl zum Ehrenmitglied der Österreichischen Akademie der Wissenschaften dagegen lehnte Gödel mit einer fadenscheinigen Begründung ab.

After the Sputnik shock the United States launched a richly funded scientific offensive that soon bore fruits. The rapid development of the computer led to many advances in mathematical logic and related fields, such as computer architecture, algorithms, computer algebra, computability, recursion theory, complexity theory etc. Paul Cohen proved the independence of the continuum hypothesis – a problem Gödel had been wrestling with for years.
Honors accumulated: corresponding member of the Institut de France, foreign member of the Royal Society, National Medal of Science ... Gödel declined the honorary membership of the Austrian Academy of Science with tenuous arguments.

Gödels wissenschaftlicher Ruf war gewaltig, aber er beschränkte seine Kontakte auf eine Handvoll ausgewählter jüngerer Wissenschaftler, wie etwa Georg Kreisel, Dana Scott (unten) und Gaisi Takeuti (links).

Gödel's reputation was by now immense, but he confined his contacts with younger scientists to a select few, such as Georg Kreisel, Dana Scott (below) and Gaisi Takeuti (left).

Die letzten Jahre – *The Last Years*

Gödel zog sich immer mehr zurück und verkehrte meist nur mehr per Telefon. Nur wenigen gelang es, ihn zu besuchen. 1970 reichte er (erstmals seit zehn Jahren) eine wissenschaftliche Arbeit ein. Doch sie war fehlerhaft, und Gödel musste sie zurückziehen. Er führte seine Irrtümer auf die Wirkung der zahlreichen Medikamente zurück, die er einnahm.

Gödel became increasingly isolated and reduced most of his contacts to phone calls. Few managed to visit him. In 1970 he submitted a research paper, his first in ten years. But it contained errors and Gödel had to withdraw it. He explained his mistakes as side-effects of the many drugs he took.

Die gesundheitlichen Probleme nahmen zu. Gödel nahm zahlreiche Medikamente zu sich: neben Magnesiummilch noch Metamucil, Keflex, Mandelamin, Macrodantin, Gantanol, Achromycian, Terramycin, Lanoxin, Quinidin, Imbricol und Pericolase; Gödel führte über Jahre hinweg akribische Fiebertabellen.

His health problems increased. Gödel took milk of magnesium, Metamucil, Keflex, Mandelamin, Macrodantin, Gantanol, Achromycian, Terramycin, Lanoxin, Quinidin, Imbricol and Pericolase. For years he kept meticulous charts of his temperature.

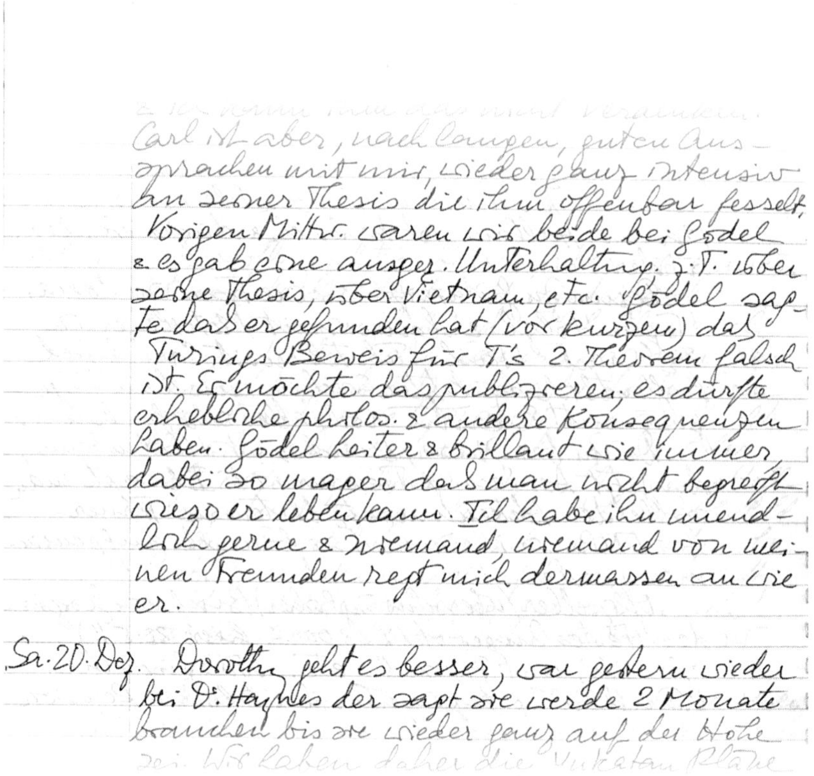
Carl ist aber, nach langen, guten Aus-
sprachen mit mir, wieder ganz intensiv
an seiner Thesis die ihn offenbar fesselt.
Vorigen Mittw. waren wir beide bei Gödel
& es gab eine ausgez. Unterhaltung z.T. über
seine Thesis, über Vietnam, etc. Gödel sagte daß er gefunden hat (vor kurzem) daß
Turings Beweis für T's 2. Theorem falsch
ist. Er möchte das publizieren, es dürfte
erhebliche philos. & andere Konsequenzen
haben. Gödel heiter & brillant wie immer,
dabei so mager daß man nicht begreift
wieso er leben kann. Ich habe ihn unendlich gerne & niemand, niemand von meinen Freunden regt mich dermassen an wie
er.

Sa. 20. Dez. Dorothy geht es besser, war gestern wieder
bei Dr. Haynes der sagt sie werde 2 Monate
brauchen bis sie wieder ganz auf der Höhe
sei. Wir haben daher die Yukatan Pläne

From Morgenstern's diary: "Gödel said that he recently found out that Turing's proof for T's second theorem is wrong. He wants to publish it, it is likely to have considerable philos[ophical] and other consequences. Gödel in a good mood and brilliant as usual, at the same time so thin that one cannot conceive how he can live. I like him infinitely much and no one, no one of my friends can stimulate me as he does."

Gödel führte zahlreiche Gespräche mit dem Philosophen Hao Wang, der später mehrere Bücher über Gödels philosophische Ansichten herausbrachte.

Gödel had many talks with the philosopher Hao Wang of Harvard, who later published several books on Gödel's highly unusual philosophical outlook.

Sa. 20. Nov.

Gestern, langes Gespräch mit Gödel, der nicht
genug bekommen kann. Viel über Mars, Math
(wieder 'forcing'), das Math. keine blosse Sprache
sei (was ich an Leuten kritisiert habe (wie
Samuelson etc) & G. stimmt ganz zu. Das werde
ich auch in meiner phil. Rede erwähnen. Er
gab mir Erlaubnis ihn als Autor der Bemerkung
in meiner Miami Rede (die ich jetzt aufschreibe,
Gott sei Dank) zu erwähnen, dass Phil. heute
dort ist – bestens! – wo die 'Babylonische Math.
war. Gut!

Lunch mit Dyson; natürlich sehr gescheit.
Er ist auch bei der Fed. Am. Scientist. M. Goldberger
ist Chairman. Ich bin beigetreten; so geht es in Wash.
nicht weiter mit der Tutausgabe von J. Foster

"He gave me the permission to quote him as the author of the statement, in my Miami lecture (which I am writing up now, thanks God) that phil[osophy] today is – at best! – where mathematics was in Babylonian time. Good!"

Das Ende – The End

interest in the stamp collection if this option is exercised.

THIRD: All of the rest, residue and remainder of my estate, of whatsoever kind or sort, whether real or personal, and wheresoever situate, which I now have, may hereafter acquire or of which at the time of my death I may be in any way entitled or possessed, I give, devise and bequeath, absolutely and unconditionally, to my beloved wife, ADELE THUSNELDA GÖDEL.

FOURTH: I hereby authorize and empower my Executrix,

Gödels Testament erwähnt zunächst das längst verloren gegangene Haus in Brno und die vom Vater geerbte Markensammlung. Gödels Frau ist Alleinerbin.

The first items mentioned in Gödel's will were his long-lost house in Brno and the stamp collection that he had inherited from his father.

1976 emeritierte der siebzigjährige Kurt Gödel vom Institute for Advanced Study. Im Jahr darauf starb Oskar Morgenstern. Noch auf dem Totenbett hatte er Aufzeichnungen über Gödel gemacht.

In 1976 seventy-year old Kurt Gödel retired from the Institute for Advanced Study. In the following year, Oskar Morgenstern died. On his death bed he was still making notes on Gödel.

even while I was mobile and I tried to help him go around and talking
to Dr. Varney about him, I was unable to accomplish anything.

Each time we speak on the phone, Gödel asks with what seems to me
to be sincere sympathy, about my condition and regrets deeply that I
am suffering much pain; but it is also clear that he wishes to hurry on
to the description of his own true and imagined troubles. By clinging
to me -- and he has nobody else, that is quite clear -- he adds to the
burden I am carrying.

There would be ever so much more to add to these few remarks. Our
friendship started with a somewhat loose association, way back in
Vienna in the early 1930's and then quickly intensified here in Princeton
when we both had come here after the Nazi invasion of Austria. We
saw each other a great deal while I was a bachelor. Gödel came to my
apartment over the old Princeton Bank & Trust Company frequently and
I visited at his house. For some time he moved from house to house at
short intervals because, as he said, there were "smoke gases" mixed
with whatever gas firing or oil firing heating system was used in the
respective dwellings. Then we developed a plan to make an effort to
save the Leibnitz papers after the Second World War and I mobilized
the Rockefeller Foundation. But then it turned out that Germany was
apparently taking care of them -- or going to take care of the matter anyway.
At the moment, my memory is not clear as to the time sequence of these
steps and of my visits in the various Leibnitz depositories. Then came
the period of Gödel asking me to be a witness, together with Einstein,
when he, Gödel, became a citizen. I have written up that story which is
very amusing and revealing, separately, and as it is it would be available
for publication. The write-up contains a few remarks by both these great
men which are of interest from the point of view of the history of science.
Among my notes there is a folder on Gödel and in my diaries are many
entries relating to Gödel, and sometimes they deal with philosophical
observations and with our discussions relating to logic and mathematical
philosophy.

Oskar Morgenstern
Princeton, NJ

»Er klammert sich an mich – und er hat sonst niemanden, das ist ganz klar – und er vergrößert so
die Last, an der ich trage.«

"He clings tightly onto me – and it is obvious that he has no one else – and thus he adds to the
burden I am carrying."

Morgen mehr.

Mo, 11. Juli. 10 p.m. Nur einige Schlagworte. Gestern
tel. Gödel wieder: extra Notizen: Eine Tragö-
die und wie in aller Welt kann ich ihm
helfen. Die Ärzte wollen ihn nicht
mehr, da er gar nicht tut, was sie
wollen usw. Dabei glaubt dass meine
Paralyse in wenigen Tagen vorbei sein
werde, ich aufe um!

"Yesterday Gödel 'phones again. Extra notes. A tragedy and how on earth can I help him? The doctors do not want him any longer as he does not do what they want, etc. Believes at the same time that my paralysis will be gone in a few days, I [will be] up [and about] etc."

Adele wurde ins Spital eingeliefert und konnte ein halbes Jahr lang Kurt Gödel nicht betreuen. Als sie wieder nachhause kam, erwirkte sie, dass er seinerseits ins Spital aufgenommen wurde. Doch es war zu spät: er starb zwei Wochen später, am 14. Jänner 1978, an Entkräftung und Unterernährung. Zuletzt hatte er nur noch 36 Kilo gewogen.

Adele spent half a year in hospital and could not take care of her husband. When she returned home, she managed to put him in hospital in his turn. But it was too late. Kurt Gödel died two weeks later, on 14 January 1978, of exhaustion and malnutrition. His weight was barely 80 pounds.

Gödels Werk – *Gödel's Work*

Hilberts Programm

Euklid und Aristoteles

Die Griechen erkannten, dass jeder mathematische Satz bewiesen werden muss – also durch eine Kette logischer Schlüsse auf bereits bewiesene Sätze zurückgeführt.

Beispiel: Primzahlen können nur durch sich selbst oder durch 1 geteilt werden, die Division mit jeder anderen Zahl gibt einen Rest. Jede Zahl, die nicht prim ist, kann durch eine Primzahl geteilt werden.

Satz: Es gibt unendlich viele Primzahlen.

Beweis: Gehen wir von einer endlichen Liste von Primzahlen aus (etwa den Primzahlen 2, 3, und 5). Bilden wir das Produkt all dieser Zahlen und addieren 1. (Im Beispiel: $2 \cdot 3 \cdot 5 + 1 = 31$). Diese Zahl kann nicht durch eine Zahl der Liste geteilt werden, die Division liefert immer den Rest 1. Also ist die Zahl entweder selbst Primzahl, oder durch eine Primzahl teilbar, die nicht in der Liste vorgekommen ist. Also gibt es noch eine weitere Primzahl.

Eine mathematische Theorie baut auf gewissen Sätzen auf, die vorgegeben sind, den Axiomen. Alle anderen Aussagen müssen aus diesen Axiomen durch logisches Schließen hergeleitet werden.

The Greeks understood that every mathematical theorem has to be proved – i.e. derived from known mathematical theorems by a chain of logical reasoning.

Example: Prime numbers can only be divided by themselves and by 1. Division by any other number yields a remainder. Any number that is not prime can be divided by a prime.

Theorem: There are infinitely many prime numbers.

Proof: Consider any finite list of them (for instance, the prime numbers 2, 3, and 5). Multiply all of them together and add 1 (In our example: $2 \cdot 3 \cdot 5 + 1 = 31$). This number cannot be divided by any prime from the list, since the remainder will be 1. Hence it is either a prime number, or else it is divisible by a prime number that is not contained in the list. Hence there exists a further prime number.

A mathematical theory is based on certain statements that are taken for granted, the axioms. All other propositions have to be derived from these axioms by a chain of logical deductions.

Die Geometrie von Euklid wurde das klassische Muster einer mathematischen Theorie.

Euclid's geometry became the classical model of a mathematical theory.

Die Axiome sollten vollständig und widerspruchsfrei sein. Widerspruchsfrei heißt, dass es unmöglich ist, einen Satz A und seine Negation nicht-A zu beweisen. Vollständig heißt, dass jeder Satz A oder seine Negation nicht-A bewiesen werden kann.

The axioms should be complete and consistent. Consistent means that it is impossible to prove both a statement A and its negation not-A. Complete means that every statement A or its negation not-A can be proved.

Die Lehre vom logischen Schließen geht auf Aristoteles zurück. Zwei Jahrtausende lang war die aristotelische Logik buchstäblich der Weisheit letzter Schluss. Sie konnte weitergegeben, aber nicht weiterentwickelt werden.

The science of logical deductions was founded by Aristotle. For two thousand years, Aristotelian logic was considered a finished product that could be transmitted but not developed further.

»Alle Menschen sind sterblich. Sokrates ist ein Mensch. Also ist Sokrates sterblich.«
Solche Schlüsse hängen von der Struktur der Aussagen ab, aber nicht von ihrem Inhalt – etwa der Person des Sokrates.
Durch logische Terme wie »nicht«, »und«, »oder«, »wenn . . . dann«, »für alle«, »für manche«, usw. werden Aussagen miteinander verknüpft.

"All humans are mortal. Socrates is human. Hence Socrates is mortal."
Such syllogisms depend on the structure of the statements, but not on their content – for instance, the person Socrates.
Logical terms such as "not", "and", "or", "if . . . then", "all", "some", etc, connect statements with one another.

Barbara celarent darii ferio baralipton
Celantes dabitis fapesmo frisesomorum
Cesare campestres festion baroco; darapti
Felapton disamis datisi bocardo ferison.

Dieses Nonsens-Gedicht diente Scholastikern dazu, sich die verschiedenen Syllogismen zu merken. »Celarent« etwa ist vom Typ: wenn kein X ein Y ist und wenn jedes Z ein X ist, dann ist kein Z ein Y.

This nonsense poem helped scholastics to remember the types of syllogisms. "Celarent", for instance, is of the type: if no X is Y and if all Z are X, then no Z is Y.

1910 versuchten Russell und Whitehead in ihrem dreibändigen Werk *Principia Mathematica*, die gesamte Mathematik auf Logik zurückzuführen. Die Beweise wurden formalisiert, sodass sie aus der Anwendung von einigen wenigen offensichtlichen Regeln folgen, etwa dem ›modus ponens‹: wenn X eine gültige Aussage ist und ›aus X folgt Y‹ gilt, dann ist auch Y eine gültige Aussage. Ein Beweis sollte nicht den Gedankengang einsichtig machen, sondern die mechanische Vollziehung bestimmter Schlussregeln dokumentieren. Allein schon die Definition der Zahl 1, oder der Beweis von $2 + 2 = 4$, wurden sehr umständlich.

In 1910, Russell and Whitehead attempted in their book Principia Mathematica *to reduce all of mathematics to logic. All deductions were formalized, so that they followed from the application of a few obvious rules, such as the 'modus ponens': if X is a valid statement, and 'X implies Y' is a valid statement, then Y is a valid statement. A proof was not meant to convey understanding but to document the mechanical application of specific elementary rules.*
Merely defining the number 1, or proving that $2 + 2 = 4$, became very complicated.

090099   J.P. 51.

FRANZ DEUTICKE, BUCHHANDLUNG
WIEN, I., HELFERSTORFERSTRASSE 4 (SCHOTTENHOF)

Rechnung für   Herrn Kurt G ö d l ,

B r ü n n .

Telephon Nr. 65-3-18.   Wien, den   21. Juli   192 8.

Zahlbar und klagbar in Wien

1	Whitchead and Russel, Principia Mathematica		
	vol.I geb.		370.–
	Porto rek.		15.–
		öKr	385.–

Zahlungen durch

Postsparkasse Wien	Nr. 18.369	Postscheckamt Leipzig	Nr. 6.607	Postscheckamt Warschau	Nr. 190.806	Allg. öst. Boden-Credit-Anstalt
„ Prag	„ 18.369	„ Zagreb	„ 40.463	„ Zürich	„ 9.951	Amsterdam'sche Bank, Amsterdam
„ Budapest	„ 35.392	„ Laibach	„ 20.385			Dresdner Bank, Bukarest

David Hilbert (1862–1943), der führende Mathematiker seiner Zeit, entwarf ein Programm, um die Widerspruchsfreiheit der Mathematik zu beweisen. Mathematische Theorien wurden als formale Systeme codiert. Ein formales System besteht aus Reihen von Zeichen, wie etwa = (ist gleich) oder ⇒ (impliziert), und aus Regeln, um diese Reihen umzuformen. Gewisse Zeichenreihen entsprechen den Axiomen. Die Zeichenreihen, die daraus durch Anwendung der Regeln hergeleitet werden, sind die Sätze der Theorie.

David Hilbert (1862–1943), the leading mathematician of his time, launched a program for proving the consistency of mathematics, i.e. its freedom from contradictions. Mathematical theories were considered as formal systems. A formal system consists of strings of symbols, such as = (equal) or ⇒ (implies), and of rules for transforming those strings. Certain strings correspond to the axioms. The strings that are derived from them through the application of transformation rules are the theorems.

Schach wird durch gewisse Regeln bestimmt, und die Figuren haben für sich genommen keine Bedeutung. Ebenso in einer formalisierten mathematischen Theorie: die einzelnen Zeichen sind bedeutungslos; worauf es ankommt, sind die Regeln, nach denen man die Zeichenketten umformt.
Schon 1900 hatte Hilbert das Problem gestellt, die Widerspruchsfreiheit der Arithmetik (also der Theorie der natürlichen Zahlen 0, 1, 2, 3, ...) zu beweisen. 1920 glaubte er es gelöst, doch fand sich eine Lücke im Beweis. Beim Internationalen Mathematikerkongress 1928 in Bologna entwarf er ein Programm, um die Grundlagen der gesamten Mathematik durch formale Systeme zu sichern.
1930 zeigte Gödel, dass Hilberts Programm nicht ausgeführt werden kann. In einem formalen System, das die Arithmetik umfasst, kann die Widerspruchsfreiheit nicht bewiesen werden. Genauer: ein solcher Beweis würde zeigen, dass es einen Widerspruch im System gibt.

Chess is defined by certain rules and chess-figures have no meaning in themselves. The same holds for formalised mathematical theories: the signs have no meaning; all that counts are the rules for transforming strings.
In 1900 Hilbert had already posed the problem of proving the consistency of arithmetic (i.e. the theory of the natural numbers 0, 1, 2, 3, ...). In 1920 he believed that consistency had been proved, but a gap was discovered in the argument. At the International Congress of Mathematicians in Bologna in 1928, Hilbert described his program for securing the foundation of mathematics by formal means.
In 1930 Gödel showed that Hilbert's program could not be realised. Within every formal system rich enough to comprise arithmetic, consistency could not be proved.

In seiner Dissertation zeigte der dreiundzwanzigjährige Gödel, dass die formale Logik erster Stufe vollständig ist. Er bestätigte damit eine Vermutung von Hilbert (eine große Auszeichnung für jeden Mathematiker). Die Logik erster Stufe erlaubt Aussagen über »alle Individuen«, aber nicht über »alle Eigenschaften« (also »f(x) gilt für alle x«, aber nicht »f(x) gilt für alle f«).
Jede allgemein gültige Formel dieses Kalküls kann aus den Axiomen der *Principia Mathematica* hergeleitet werden.

In his PhD thesis twenty-three-year-old Gödel showed that first-order logic is complete. He thus proved a conjecture of Hilbert (a great achievement for any mathematician). First-order logic allows statements about "all individuals" but not about "all properties" (i.e. "f(x) for all x" but not "f(x) for all f").
Every universally valid formula of this theory can be deduced from the axioms of Principia Mathematica.

Gödel's PhD adviser Hahn wrote: "The thesis deals with the so-called first-order logic, for which the quantifiers apply to individuals, but not to functions. It is shown that the system of axioms for first order logic used in Principia Mathematica *by Whitehead and Russell is complete in the sense that every generally valid formula of this calculus can formally be derived from the axioms. Furthermore it is shown that the axioms are independent. This settles two problems which have explicitly been stated as open questions in Hilbert-Ackermann,* Grundzüge der theoretischen Logik *(Berlin 1928). This implies for axiom systems that can be formulated within first order logic that every statement that is true (i.e. not contradicted by examples) can also be derived formally.*
The paper is a valuable contribution to logical calculus, fully meets in all parts the requirements for a PhD thesis, and its essential parts deserve to be published."

Hahns Urteil »entspricht vollauf den Anforderungen an eine Dissertation« ist eine Untertreibung. Gödels Vollständigkeitssatz ist auch heute noch von zentraler Bedeutung.

. . . that it "fully meets the requirements for a PhD thesis" is an understatement. Gödel's completeness theorem is still of central importance in logic.

Die Arbeit behandelt den sogenannten engeren Funktionenkalkül der Logik, in dem All- und Existenzzeichen nur auf Individuenvariable, nicht auf Funktionsvariable angewendet werden. Es wird gezeigt, dass das in den Principia Mathematica von Whitehead und Russell benützte Axiomensystem des engeren Funktionenkalküls in dem Sinne vollständig ist, dass jede allgemein giltige Formel dieses Kalküls aus dem Axiomensystem formal hergeleitet werden kann. Ferner wird die Unabhängigkeit der Axiome nachgewiesen. Damit sind zwei Probleme erledigt, die in Hilbert-Ackermann, Grundzüge der theoretischen Logik (Berlin 1928) ausdrücklich als ungelöst bezeichnet werden (S. 68). Daraus ergibt sich für Zahlaxiomensysteme (das sind Axiomensysteme, die lediglich mit Hilfe des engeren Funktionenkalküls formuliert werden können), dass jede richtige (d. h. nicht durch Gegenbeispiele erledigbare) Folgerung auch formal bewiesen werden kann.

Die Arbeit stellt eine wertvolle Bereicherung des Logikkalküls dar, entspricht völlig den Anforderungen an eine Dissertation und verdient in ihren wesentlichen Teilen veröffentlicht zu werden.

Wien 13. Juli 1929

H. Hahn

Furtwängler

113

Über formal unentscheidbare Sätze der Principia Mathematica und verwandter Systeme[1].

Von Kurt Gödel in Wien.

1.

Die Entwicklung der Mathematik in der Richtung zu größerer Exaktheit hat bekanntlich dazu geführt, daß weite Gebiete von ihr formalisiert wurden, in der Art, daß das Beweisen nach einigen wenigen mechanischen Regeln vollzogen werden kann. Die umfassendsten derzeit aufgestellten formalen Systeme sind das System der Principia Mathematica (PM)[2] einerseits, das Zermelo-Fraenkelsche (von J. v. Neumann weiter ausgebildete) Axiomensystem der Mengenlehre[3] andererseits. Diese beiden Systeme sind so umfassend, daß alle heute in der Mathematik angewendeten Beweismethoden in ihnen formalisiert, d. h. auf einige wenige Axiome und Schlußregeln zurückgeführt sind. Es liegt daher die Vermutung nahe, daß diese Axiome und Schlußregeln dazu ausreichen, überhaupt jeden denkbaren Beweis zu führen. Im folgenden wird gezeigt, daß dies nicht der Fall ist, sondern daß es in den beiden angeführten Systemen sogar relativ einfache Probleme aus der Theorie der gewöhnlichen ganzen Zahlen gibt[4], die sich aus den Axiomen nicht entscheiden lassen. Dieser Umstand liegt nicht etwa an der speziellen Natur der aufgestellten Systeme, sondern gilt für eine sehr weite Klasse formaler Systeme, zu denen insbesondere alle gehören, die aus den beiden angeführten durch Hinzufügung endlich vieler Axiome entstehen[5], vorausgesetzt, daß durch die hinzugefügten Axiome keine falschen Sätze von der in Fußnote[4] angegebenen Art beweisbar werden.

[1] Vgl. die in ■■■■■■ erschienene Zusammenfassung der Resultate dieser Arbeit.

[2] Zu den Axiomen des Systems PM rechnen wir insbesondere auch: Das Unendlichkeitsaxiom (in der Form: es gibt genau abzählbar viele Individuen), das Reduzibilitäts- und das Auswahlaxiom (für alle Typen).

[3] Vgl. A. Fraenkel, Zehn Vorlesungen über die Grundlegung der Mengenlehre, Wissensch. u. Hyp. Bd. XXXI. J. v. Neumann, Die Axiomatisierung der Mengenlehre. Math. Zeitschr. 27, 1928.

[4] D. h. genauer, es gibt unentscheidbare Sätze, in denen außer den logischen Konstanten — (nicht), $\lor$ (oder), (x) (für alle), = keine anderen Begriffe vorkommen als + (Addition) . (Multiplikation), beide bezogen auf natürliche Zahlen, wobei auch die Präfixe (x) sich nur auf natürliche Zahlen beziehen dürfen. In solchen Sätzen können also nur Zahlenvariable, niemals Funktionsvariable vorkommen.

[5] Dabei werden in PM nur solche Axiome als verschieden gezählt, die aus einander nicht bloß durch Typenwechsel entstehen.

Hilberts Programm schien auf Schiene. Der nächste Schritt war offenbar, die Vollständigkeit der Arithmetik zu beweisen. Doch dann entdeckte Gödel, dass es wahre Aussagen gibt, die aus den Axiomen nicht herleitbar sind. In heutiger Sprache: es kann kein Computerprogramm geben, dass alle richtigen Aussagen über die natürlichen Zahlen 0, 1, 2, 3, ... herleitet. Die Mathematik ist nicht mechanisierbar.

Hilbert's program seemed well underway. The next step was obviously to prove the completeness of arithmetic. But Gödel discovered that there are true statements that cannot be deduced from the axioms. In today's language: there can be no computer program which proves all true statements about the natural numbers 0, 1, 2, 3, ... Mathematics cannot be mechanized.

Gödel codierte mathematische Aussagen, d. h. Reihen von mathematischen Zeichen, durch natürliche Zahlen (die später als die Gödel-Nummern dieser Aussagen bezeichnet wurden). Dann konstruierte er eine mathematische Aussage G, die die Unbeweisbarkeit der Aussage mit Gödelnummer g behauptet. Gödel hatte aber dafür gesorgt, dass g (»gewissermaßen zufällig«, wie er schrieb) gerade die Gödelnummer von G ist.

Der Satz behauptet also seine eigene Unbeweisbarkeit. Beweist man G, erhält man einen Widerspruch. Beweist man nicht-G, ebenso. Genauer gilt: wenn G bewiesen werden kann, dann auch nicht-G, und umgekehrt. Also kann G weder bewiesen noch widerlegt werden. Wenn das System widerspruchsfrei ist, ist es unvollständig.

Die Aussage G ist wahr, aber formal nicht beweisbar.

Gödel coded mathematical statements, i.e. strings of mathematical symbols, by natural numbers (which would later be termed the Gödel numbers of those statements). Then he constructed a mathematical statement G that asserts that the statement with Gödel number g cannot be proved. Gödel managed to arrange things so that g would be ("in some sense fortuitously", as he wrote) just the Gödel number of G itself.

The statement thus asserts its own unprovability. Proving G leads to a contradiction. Proving not-G also leads to a contradiction. More formally, if G can be proved then not-G can be proved and vice versa. If the system is consistent, it is incomplete, since G can be neither proved nor disproved.

The statement is true but cannot be proved by formal means.

Hans Magnus Enzensberger verglich das mit der Geschichte des Baron Münchhausen, der sich am eigenen Zopf aus einem Sumpf zog.

The poet Enzensberger compared Gödel's argument with the tale about Baron Münchhausen, who manages to heave himself (and his horse) out of a swamp by pulling on his own pig-tail. But Münchhausen was a liar, whereas Gödel had a proof.

Bei der Königsberger Tagung im September 1930 erwähnt Gödel erstmals seinen Unvollständigkeitssatz vor einem größeren Kreis, im Zuge einer Diskussion über die Grundlagen der Mathematik. John von Neumann, der bei der Diskussion Hilberts Formalismus vertrat, ließ sich nach der Diskussion Gödels Beweis erklären.

Der Ungar John von Neumann (1902–1958), der Lieblingsschüler Hilberts, galt schon damals als Superstar der Mathematik. Er hatte wesentliche Beiträge zur Mengenlehre, zur Analysis und zu den Grundlagen der Quantenmechanik geliefert. Zweimal hatte er bereits im Traum geglaubt, die Widerspruchsfreiheit der Arithmetik bewiesen zu haben.

Gödel first publicly mentioned his incompleteness theorem in September 1930 in Königsberg, during a discussion on the foundations of mathematics. John von Neumann, who championed Hilbert's formalistic approach, asked Gödel afterwards to explain his proof.

The Hungarian John von Neumann (1902–1958), Hilbert's favorite disciple, was already recognised as one the superstars of mathematics. He had contributed decisively to set theory, analysis and the foundations of quantum mechanics. He had twice had dreams in which he believed that he had proved the consistency of arithmetic.

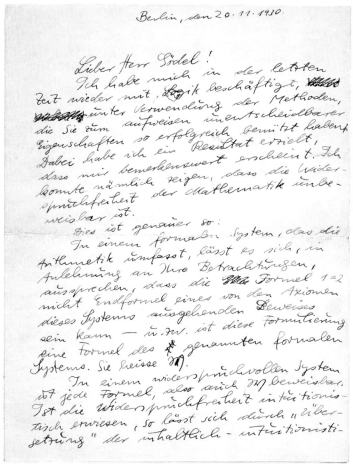

John von Neumann an Gödel

Wie John von Neumann bald darauf Gödel schrieb, lässt sich aus dessen Unvollständigkeitssatz herleiten, dass die Widerspruchsfreiheit der *Principia Mathematica* nicht bewiesen werden kann. Doch Gödel war schneller, und hatte das Ergebnis bereits zur Veröffentlichung eingereicht. John von Neumann wandte sich anderen Gebieten zu. Wenige Jahre später wurde er zu einem der Väter des programmierbaren Computers; aus formalen Systemen entstanden Maschinen.

John von Neumann was soon able to write to Gödel that it was possible to deduce from his incompleteness theorem that the consistency of Principia Mathematica *could not be proved. But Gödel had been faster and had already submitted the result for publication. John von Neumann moved to other fields. A few years later he was to become one of the fathers of the computer. Formal systems turned into machines.*

John von Neumann und der ENIAC

John von Neumann and the ENIAC

Der bekannte Mathematiker Zermelo (1871–1953) wollte Gödels Beweis nicht akzeptieren, doch Gödel konnte seine Argumente widerlegen. Hilbert selbst fand sich mit Gödels Resultaten ab, und nahm sie in sein (gemeinsam mit Paul Bernays verfasstes) Buch über *Grundlagen der Mathematik* auf.

The eminent mathematician Zermelo (1871–1953) did not accept Gödel's proof but Gödel was able to refute his arguments. Hilbert resigned himself to Gödel's results and included them in his joint book with Paul Bernays, on Foundations of Mathematics.

> 1. Konstruktion formal unentscheidbarer Sätze
> 2. Über den intuitionistischen Aussagenkalkül
> 3. Über die Wertmenge bedingt konvergenter Reihen
>
> D͞r Kurt Gödel

Der Habilitationsbewerber muss drei Themen für einen Probevortrag vorschlagen.

The candidate had to submit three possible topics for a lecture.

Hahn schrieb in seinem Gutachten: »Die von Dr Gödel vorgelegten Arbeiten überragen bei weitem das Niveau, das üblicherweise bei einer Habilitation zu beanspruchen ist ... Herr Gödel gilt bereits heute als erste Autorität auf dem Gebiet der symbolischen Logik und der Forschung über die Grundlagen der Mathematik ... Die Habilitationsschrift ... ist eine wissenschaftliche Leistung ersten Ranges, die in allen Fachkreisen das größte Aufsehen erregte und – wie sich mit Sicherheit voraussehen lässt – ihren Platz in der Geschichte der Mathematik einnehmen wird. Damit ist auch gezeigt, dass das von Hilbert aufgestellte Programm, die Widerspruchsfreiheit der Mathematik zu beweisen, undurchführbar ist.«

Hahn wrote in his report: "... a scientific breakthrough of the first order, attracting the highest interest in expert circles. It can be said with certainty that it will hold its place in the history of mathematics. Thus it is shown that Hilbert's program for proving the consistency of mathematics cannot be carried through ... The papers submitted by Dr Gödel exceed by far the level that can usually be required of a habilitation ... Mr Gödel counts today already as the foremost authority in the field of symbolic logic and research on the foundations of mathematics."

Monatshefte für Mathematik und Physik
Mathematisches Institut der Universität
Wien, IX., Strudlhofgasse 4

Hahns Gutachten über Gödel

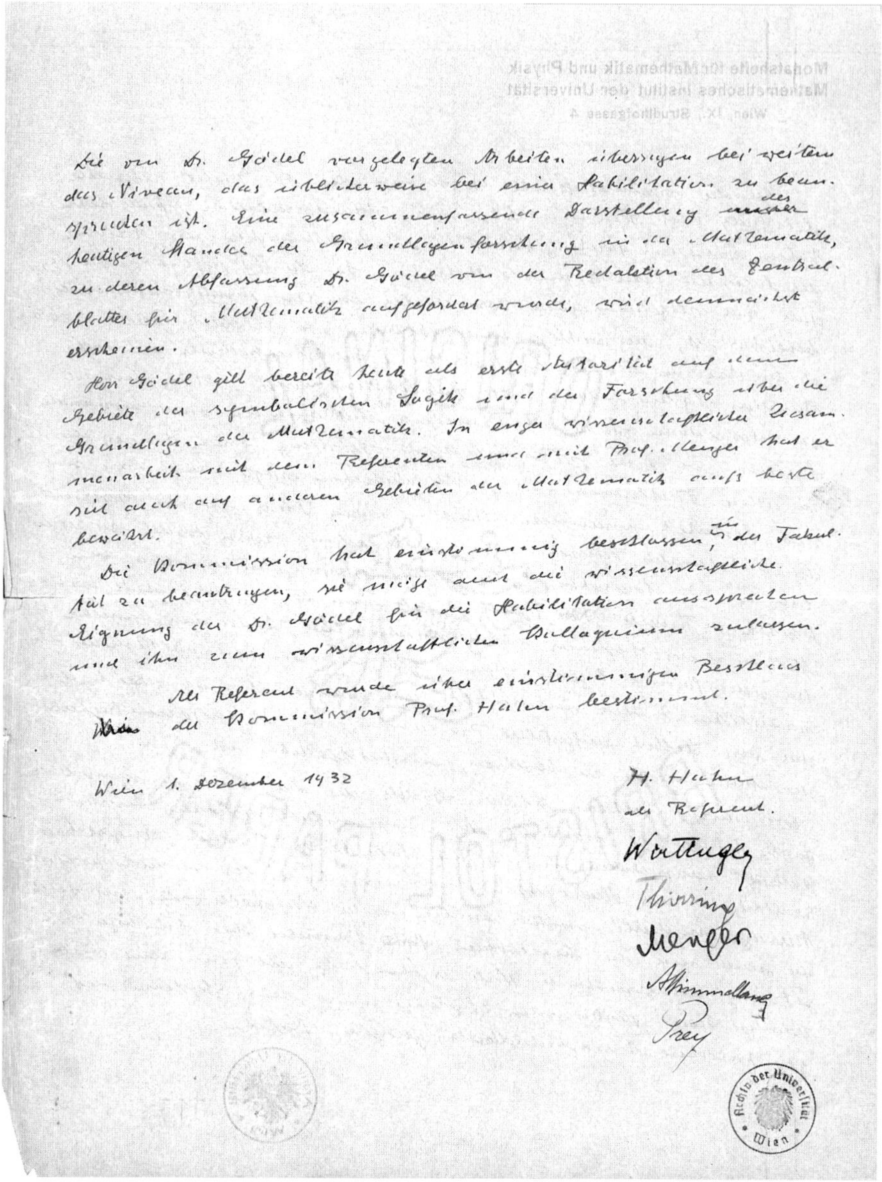

Die von Dr. Gödel vorgelegten Arbeiten übersteigen bei weitem das Niveau, das üblicherweise bei einer Habilitation zu beanspruchen ist. Eine zusammenfassende Darstellung des heutigen Standes der Grundlagenforschung in der Mathematik, zu deren Abfassung Dr. Gödel von der Redaktion des Zentralblattes für Mathematik aufgefordert wurde, wird demnächst erscheinen.

Herr Gödel gilt bereits heute als erste Autorität auf dem Gebiete der symbolischen Logik und der Forschung über die Grundlagen der Mathematik. In enger wissenschaftlicher Zusammenarbeit mit dem Referenten und mit Prof. Menger hat er sich auch auf anderen Gebieten der Mathematik aufs beste bewährt.

Die Kommission hat einstimmig beschlossen, die Fakultät zu beantragen, sie wolle auch die wissenschaftliche Eignung des Dr. Gödel für die Habilitation aussprechen und ihn zum wissenschaftlichen Colloquium zulassen.

Als Referent wurde über einstimmigen Beschluss der Kommission Prof. Hahn bestimmt.

Wien 1. Dezember 1932

H. Hahn
als Referent.

Wirtinger
Thirring
Menger
Himmelbaur
Frey

Hahn's report on Gödel's work

120

Gödel löste in den Dreißigerjahren eine Sturmflut von neuen Erkenntnissen aus.

Gödel launched a flood of new discoveries in the 'thirties.

Tarski und Gödel

Der polnische Mathematiker Alfred Tarski (1902–1983) bewies, dass der Wahrheitsbegriff formal nicht definierbar ist. Seine Theorie übte auf Popper und Carnap großen Einfluss aus. Tarski griff Gödels Beweis auf und zeigte: Für jede auf endlich vielen Regeln begründete Definition von Wahrheit lässt sich eine Aussage bilden, die ihre eigene Unwahrheit behauptet.

The Polish mathematician Alfred Tarski (1902–1983) proved that the concept of truth could not be formally defined. His theory greatly influenced Carnap and Popper. Tarski used Gödel's proof to show that for every definition of truth based on a finite number of rules, one can display a statement that asserts its own falsity.

Wien 20./I. 1931.

Sehr geehrter Herr Dozent!

Herzlichen Dank für Ihre Karte vom 2./IX. 30 sowie die in liebenswürdiger Weise nach Königsberg gesandten Separata. Anbei übersende ich Ihnen 5 Sonderdrucke meiner Arbeit über den Funktionenkalkül, die Sie bitte an eventuelle Interessenten verteilen wollen. Im letzten Sommer ist es mir gelungen, einige neue metamathematische Sätze zu beweisen, von denen ich annehme, daß sie Sie interessieren werden. Die Resultate (ohne Beweis) habe ich in einer Mitteilung

Gödel an Tarski

121

Der amerikanische Logiker Alonso Church (1903–1995) löste das so genannte Entscheidungsproblem. Er zeigte 1936, dass es grundsätzlich kein Verfahren gibt, um für jede Aussage festzustellen, ob sie beweisbar ist oder nicht. Er schlug eine allgemeine Definition der Berechenbarkeit vor. Gemeinsam mit seinem Schüler Kleene entwickelte Church ein Kalkül, das für die Entwicklung der Informatik eine große Rolle spielte.

In 1936 the American logician Alonso Church (1903–1995) showed that there exists no procedure that can decide, for every given statement, whether it is provable or not. He proposed a general definition of computability and developed, jointly with his student Kleene, a calculus that was to play an important part in theoretical computer science.

Der englische Mathematiker Alan Turing (1912–1954) löste ebenfalls das Entscheidungsproblem. Er verwendete dazu, was man später als universelle Turing-Maschine bezeichnete. Solche Maschinen können grundsätzlich jedes Computerprogramm ausführen (wenn auch sehr langsam). Es gibt kein Verfahren, das von jedem Programm sagen kann, ob die Maschine damit fertig wird oder nicht (das Halteproblem).

The British mathematician Alan Turing (1912–1954) solved Hilbert's decision problem by an altogether different method. For that he employed what later became known as universal Turing machines. Such machines can mimic the behavior of every computer. There is no way of predicting, for every program, whether the computer running it will eventually reach a halt or not (the halting problem).

Im zweiten Weltkrieg trug Turing entscheidend zur Entzifferung des deutschen Geheimcodes bei. Die dafür entwickelte *Colossus*-Rechenmaschine wurde ein wichtiger Vorläufer moderner Computer.

During the Second World War Turing contributed greatly to the decipherment of German secret codes. The Colossus, *developed for this purpose, became one of the ancestors of modern computers.*

Barkley Rosser, ein Student von Church, der in Princeton die Vorlesungen von Gödel besuchte, erweiterte dessen Satz, dass die Widerspruchsfreiheit eines widerspruchsfreien Systems innerhalb des Systems nicht beweisbar ist. Statt des Satzes »Dieser Satz ist nicht beweisbar« verwendete Rosser die Aussage »Zu jedem Beweis dieses Satzes gibt es einen kürzeren Beweis seiner Negation«.

Barkley Rosser, a student of Church who attended Gödel's lectures in Princeton, extended the latter's theorem that the consistency of a consistent system cannot be proved within that system. Rather than using the sentence "This statement is not provable", Rosser used a sentence stating that "For every proof of this statement, there is a shorter proof of its negation".

Rechnen und Schließen – *Computing and Reasoning*

In den vierziger Jahren wurden die ersten programmierbaren Computer entwickelt. Im Nachhinein wurde klar, dass der Gödelsche Unvollständigkeitssatz etwas über Computerprogramme aussagt. Kein Computer kann je so programmiert werden, dass er alle wahren Sätze der Mathematik beweist. Die Mathematik ist nicht mechanisierbar.
Zu jeder formalen Theorie im Sinne Hilberts gibt es ein Computerprogramm, das alle beweisbaren Sätze der Reihe nach ausdruckt.
Der Computer druckt alle Texte der Länge 1, 2, 3, ... aus und prüft schrittweise, ob der Text ein Beweis ist oder nicht. Der Text ist ein Beweis wenn jede Zeile eines der Axiome ist oder aus vorhergehenden Zeilen durch eine der Schlussregeln folgt. Jeder Beweis wird irgendwann ausgedruckt. Die beweisbaren Sätze sind durchzählbar. Aber der Computer kann nicht für jede gegebene Aussage prüfen, ob sie beweisbar ist (d. h. die letzte Zeile eines Beweises) oder nicht.
Wenn die Theorie vollständig ist, wird für jede Aussage A der Computer irgendwann A oder nicht-A beweisen. Aber jede widerspruchsfreie Theorie, die das Zählen, Addieren und Multiplizieren erlaubt, ist unvollständig. Sie enthält Aussagen, die der Computer weder beweisen noch widerlegen kann.

In the forties, programmable computers were developed. With hindsight, it was understood that Gödel's incompleteness theorem was about computer programs. No computer can ever be programmed to prove all true mathematical statements. Mathematics cannot be mechanized.
For each formal theory in Hilbert's sense, a computer can be programmed to print out successively all statements that can be proved.
The computer simply has to print out all texts of length 1, 2, 3, etc and check, step by step, whether the text is a proof or not. The text is a proof if every line is either one of the axioms or derived from preceding lines through one of the rules. Eventually, each proof will occur. Theorems are enumerable. But the computer cannot check for every given proposition whether it is provable (i.e. the last line of a proof) or not.
If the theory is complete, then for any given proposition A the computer will eventually print out a proof of A or of non-A. But any consistent theory that allows counting, addition and multiplication is incomplete. It contains propositions that the computer will neither prove nor disprove.

Die selbstbezügliche Aussage »Dieser Satz ist unbeweisbar« kommt Mathematikern fremdartig vor. Es gibt viele andere wahre Aussagen, die unbeweisbar sind und von vertrauterem Typ sind – zum Beispiel vom Typ der Goldbachschen Vermutung.

The self-referential statement "This sentence cannot be proved" sounds odd to mathematicians. There exist many other true sentences that cannot be proved, of a type more familiar to mathematicians – for instance, of the type of the Goldbach conjecture.

Goldbach an Euler

1742 vermutete Christian Goldbach, dass sich jede gerade Zahl als Summe zweier Primzahlen darstellen lässt. Das ist bis 300 000 000 000 000 000 (siebzehn Nullen) überprüft worden, aber weder bewiesen noch widerlegt.

Von jeder geraden Zahl kann der Computer in endlicher Zeit überprüfen, ob sie Summe zweier Primzahlen ist oder nicht. Der Computer kann die geraden Zahlen der Reihe nach überprüfen. Wenn die Vermutung falsch ist, wird der Computer das solcherart nachweisen. Aber wenn sie richtig ist, läuft er endlos weiter. Auf diese Art kann die Vermutung nicht bewiesen werden.

In 1742, Christian Goldbach conjectured that every even number is the sum of two primes. This has been verified up to 300 000 000 000 000 000 (seventeen zeros) but has neither been proved nor disproved.

For any given even number, a computer can check in finite time whether or not it is the sum of two primes. The computer can check successively all even numbers. If the conjecture is wrong, the computer will eventually prove this. But if it is right, it will run forever. This will never produce a proof of the conjecture.

Hilbert suchte nach einem allgemeinen Verfahren, um herauszufinden, ob bestimmte Gleichungen lösbar sind oder nicht. 1970 führten die Arbeiten zahlreicher Mathematiker, wie Julia Robinson (1919–1985) und Yuri Matiyasevich (*1947), zur Erkenntnis, dass es kein solches Verfahren gibt.

*Hilbert asked whether there was a general program for finding whether equations of a certain type have solutions. In 1970, based on the work of many mathematicians including Julia Robinson (1919–1985) and Yuri Matiyasevich (*1947), it was found that there is no such program.*

Voll unvollständig – *Completely incomplete*

Der Unvollständigkeitssatz von Gödel ist eine tiefe philosophische Aussage, die mathematisch bewiesen werden kann – ein Unikum. Schon bald wurde seine weitreichende Bedeutung erkannt, und zahlreiche populärwissenschaftliche Darstellungen erklärten Gödels Grundgedanken.
Dabei wurde der Unvollständigkeitssatz häufig missbraucht (ähnlich wie die Theorie der Relativität). Als Reaktion darauf wollten viele Experten ihn nur als mathematische Aussage verwenden. Gödel selbst war aber durchaus bereit, auch die allgemeinen philosophischen Folgerungen zu untersuchen.

Gödel's incompleteness theorem is a deep philosophical assertion which can be proved mathematically – a unique result. Its far-reaching importance was soon recognised, and popularized in many books and articles.
This often led to abuse of the incompleteness theorem (similar to that of relativity theory). Consequently, many experts preferred to view it as a purely mathematical statement. But Gödel himself was quite willing to investigate its general philosophical consequences.

Gödel schreibt seiner Mutter:

Thus he wrote to his mother: "It was to be expected that my proof [of the incompleteness theorem] would be taken up by religion sooner or later. This is justified in a certain sense."

Was besagt der Satz von Gödel über die Mathematik?
Gödel selbst versuchte aus seinen Ergebnissen herzuleiten, dass die Sätze der Mathematik keine Schöpfungen des menschlichen Geistes sind sondern objektive Existenz besitzen. Damit widerspricht er der Auffassung des Wiener Kreises (und insbesondere Carnaps), dass Mathematik Sprachsyntax ist, also überhaupt keinen Gegenstand hat, sondern nur auf Regeln über den Gebrauch von Zeichen beruht.
Was besagt der Satz von Gödel über Maschinen?
1960 versuchte der Philosoph John Lucas (*1929) aus Gödels Satz die These herzuleiten, dass der menschliche Geist jeder Maschine überlegen ist – denn wir verstehen, dass der Satz »Dieser Satz ist nicht beweisbar« wahr ist, obwohl er (im formalen System) nicht beweisbar ist. Diese Lucas-Penrose These, zu der auch Gödel neigte, ist immer noch umstritten.

What does Gödel's theorem say about mathematics?
Gödel tried to derive from his results that the theorems of mathematics are not creations of the human mind but have an objective reality. This contradicts the views of the Vienna Circle (and in particular, of Carnap), that mathematics is syntax of language, and hence has no content, but simply rests on rules about the use of signs.
What does Gödel's theorem say about computers?
*In 1960 the British philosopher John Lucas (*1929) tried to derive from Gödel's theorem the thesis that the human mind is superior to every machine. He argued that we understand that the statement "This statement cannot be proved" is true, although it cannot be proved in a formal sense. This is now known as Lucas-Penrose thesis and is still hotly debated.*

Cantors Kontinuum

Cantors Paradies – *Cantor's Paradise*

Das Unendliche war jahrtausendelang den Theologen vorbehalten und Mathematikern wie Philosophen gleichermaßen suspekt.

Descartes: »Wir werden uns nicht mit Streitigkeiten über das Unendliche ermüden, denn bei unserer Endlichkeit wäre es verkehrt.«

Leibniz: »Wir haben keine Vorstellung eines unendlichen Raumes.«

Gauss: »So protestiere ich gegen den Gebrauch einer unendlichen Größe.«

For thousand of years, infinity had been the preserve of theologians. It was regarded with suspicion by mathematicians and philosophers alike.

Descartes: "We are not going to wear ourselves out with disputes about the infinite, as this would be contrary to our own finiteness."

Leibniz: "We have no idea of an infinite space."

Gauss: "So I protest against the use of an infinite magnitude."

Der deutsche Mathematiker Georg Cantor (1845–1918) war der erste, der im Unendlichen weiterzählte. Cantors Mengenlehre schockierte nicht wenige seiner Kollegen, doch Hilbert wurde sofort zum begeisterten Befürworter der neuen Methoden. Hilberts Kampfruf »Aus Cantors Paradies soll uns niemand vertreiben« wurde in der Gemeinschaft der Mathematiker bald mehrheitsfähig.

The German mathematician Georg Cantor (1845–1918) was the first to keep counting through infinities. Cantor's set theory shocked not a few of his colleagues but Hilbert immediately became a fervent proponent of the new methods. The majority of mathematicians soon rallied behind Hilbert's battle cry: "No one shall expel us from Cantor's paradise!"

Halle a.d. Saale, 6ten Oct. 1898.

Lieber Herr College Hilbert!

Als wir vor kurzem von unsrer Sommerfrische in Oberhof zurückkehrten, fand ich Ihren freundlichen Brief v. 16ten Sept. vor, der mir nicht nachgeschickt worden war. So leid es mir thut, daß es mir durch verschiedene Rücksichten auf meine Familie nicht vergönnt gewesen ist, mit Ihnen in Düsseldorf zusammenzutreffen, freut mich andrerseits das Interesse, welches Sie der Mengenlehre widmen. Wie oft seit einem Jahre wandten sich meine Gedanken, namentlich neulich zu Ihnen mit der Frage, ob wohl Ihre in Braunschweig mir entgegengetretene Theilnahme zu diesen Forschungen sich erhalten werde.

Nichts kann mir willkommener und lieber sein, als gerade mit Ihnen die Elemente der Mengenlehre zu discutiren, da ich mir hiervon nur Gewinn für die Sache und Belehrung und Förderung für mich selbst verspreche.

In meinen Untersuchungen habe ich allgemein gesprochen, „fertige Mengen" im Auge und verstehe darunter solche, bei denen die Zusammenfassung aller Elemente zu einem Ganzen, zu einem Ding für sich

Cantor an Hilbert

127

Laut Cantor ist eine Menge eine Zusammenfassung von unterscheidbaren Objekten, den Elementen. Beispiele:

Die Menge der Besucher in diesem Raum,

die Menge Ihrer Finger,

die Menge der Zahlen {1, 2, 3, 4, 5, 6, 7, 8, 9, 10},

die Menge der natürlichen Zahlen {0, 1, 2, 3, 4, ...}.

Zwei Mengen A und B besitzen die gleiche Kardinalität, wenn es eine Zuordnung gibt, sodass jedem Element von A ein bestimmtes Element von B entspricht und umgekehrt.

According to Cantor, a set is a collection of discernible objects (its elements). Examples:

The set of all visitors in this room

The set of your fingers

The set of the numbers {1, 2, 3, 4, 5, 6, 7, 8, 9, 10}

The set of all natural numbers {0, 1, 2, 3, 4, ...}

Two sets A and B have the same cardinality if there exists a correspondence pairing each element of A with an element of B and vice versa.

Die Menge der rechten Schuhe und die der linken Schuhe haben gleiche Kardinalität. Wir wissen das, ohne zu zählen.

The set of all right shoes and the set of all left shoes have the same cardinality. We know this without having to count.

Das Paradox von Galilei: Die Menge der natürlichen Zahlen {0, 1, 2, 3, ...} und die Menge der Quadratzahlen {0, 1, 4, 9, ...} haben gleiche Kardinalität.
Eine Menge heißt unendlich, wenn die Entfernung eines Elements ihre Kardinalität nicht verändert. Die Kardinalität einer endlichen Menge ist die Anzahl ihrer Elemente.

The paradox of Galileo: the set of all natural numbers {0, 1, 2, ...} and the set of all squares {0, 1, 4, 9, ...} have the same cardinality.
A set is said to be infinite if removing one element does not change its cardinality. The cardinality of a finite set is the number of its elements.

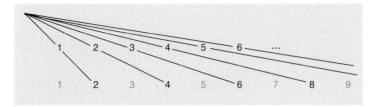

Die unendliche Menge aller natürlichen Zahlen 0, 1, 2, 3, ... hat die gleiche Kardinalität wie die Menge der geraden Zahlen 0, 2, 4, 6, ..., obwohl die geraden Zahlen nur ein Teil der natürlichen Zahlen sind.

The infinite set of all natural numbers has the same cardinality as the set of all even numbers 0, 2, 4, ..., although the even numbers form only a part of the natural numbers.

Eine Menge heißt abzählbar unendlich, wenn sie die gleiche Kardinalität wie die Menge der natürlichen Zahlen besitzt. Ihre Elemente können dann durchnummeriert werden. Ein Hotel mit abzählbar unendlich vielen Zimmern kann immer noch einen Neuankömmling aufnehmen, selbst wenn alle Zimmer besetzt sind. Ein Zimmer wird dadurch frei, dass jeder Gast aus seinem Zimmer ins Zimmer mit der nächst höheren Nummer übersiedelt.

A set is said to be countably infinite if it has the same cardinality as the set of natural numbers. Its elements can then be enumerated. A hotel with infinitely many rooms can always accept one further guest, simply by moving each resident to the room with the next highest number.

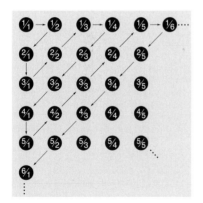

Unter den Bruchzahlen wie 2/3 oder 11/4 kommen auch die natürlichen Zahlen 3/1 oder 8/2 vor. Doch die Menge der Bruchzahlen lässt sich durchnummerieren und hat daher dieselbe Mächtigkeit wie die Menge der natürlichen Zahlen.

The set of all rational numbers (fractions such as 2/3 or 11/4) includes all natural numbers, such as 3/1 or 8/2. Nevertheless, the set of all rational numbers is countably infinite and thus has the same cardinality as the set of all natural numbers.

Dieser Weg erreicht alle Bruchzahlen. Eine Bruchzahl wie 4/6 überspringt man dabei, weil man sie schon als 2/3 gezählt hat.
Die geraden Zahlen, die natürlichen Zahlen, die Primzahlen, die Bruchzahlen haben alle die selbe Kardinalität.

By counting this way one counts all fractions. One omits a fraction such as 4/6 that has already been counted as 2/3.
The even numbers, the natural numbers, the prime numbers and the fractions all have the same cardinality.

Cantor bewies, dass die Menge aller reellen Zahlen nicht abzählbar unendlich ist, und daher eine größere Kardinalität als die Menge der natürlichen Zahlen hat. Sein Beweis beruht auf dem Diagonalisierungsverfahren, das Gödel auch beim Beweis des Unvollständigkeitssatzes gebrauchte.

```
0 , ❸ 1 4 1 6 2 1 . . .  ⎫
0 , 3 ❸ 3 3 3 3 3 . . .  ⎪
0 , 5 0 0 0 0 0 0 . . .  ⎬   0 , ❸❸ 0 5 . . .
0 , 2 1 4 ⑤ 5 7 . . .  ⎭          ↑ ↑ ↑ ↑
                                   ↓ ↓ ↓ ↓
                           0 , 4 4 1 6 . . .
```

Cantor proved that the set of all real numbers is not countably infinite and thus has a higher cardinality than than the set of all natural numbers. His proof uses a diagonal argument which was later taken up in Gödel's incompleteness theorem.

Jede reelle Zahl zwischen 0 und 1 lässt sich als unendliche Ziffernfolge darstellen:
Angenommen es gibt nur abzählbar viele solcher Ziffernfolgen. Wir können die Zahlen in einer beliebigen Reihenfolge untereinander schreiben.
In dieser unendlichen Liste müssen alle vorkommen. Bilden wir nun eine reelle Zahl, indem wir aus der n-ten Zeile die n-te Ziffer nach dem Komma wählen (also hier 0,330...). Bilden wir daraus eine weitere Zahl, indem wir jede ihrer Ziffern durch eine andere ersetzen (etwa 0 durch 1, 1 durch 2, ..., 8 durch 9 und 9 durch 0). Diese Zahl kann nirgendwo in der Liste vorkommen, denn ihre n-te Ziffer unterscheidet sich von der n-ten Ziffer in der n-ten Zeile. Also war unsere Liste nicht vollständig. Also kann man die reellen Zahlen nicht durchnummerieren.
Die Menge aller Teilmengen von A hat eine größere Kardinalität als A. Es gibt also unendlich viele unendliche Kardinalitäten. Zu jeder Kardinalität gibt es eine nächst größere.
Manche Rechenregeln für unendliche Zahlen wirken vertraut, manche fremdartig. Die Mengenlehre wurde als die Theologie der Mathematiker bezeichnet (Rudi Rucker).
Cantor vermutete, dass es keine Kardinalität gibt, die größer als die der natürlichen Zahlen und kleiner als die der reellen Zahlen (also des »Kontinuums«) ist. Jahrzehntelang versuchte er vergeblich, das zu beweisen.
Er erlitt schwere psychische Zusammenbrüche und endete in einer Nervenklinik.

Every real number between 0 and 1 can be represented by an infinite decimal expansion
Suppose there were only countably many such decimal expansions. We can list the numbers in an arbitrary order.
All reals between 0 and 1 occur in this infinite list. We form a real number by picking from the n-th row the n-th digit after the decimal point (here, 0.330...). We form a further number by replacing each of the digits by another (for instance 0 by 1, 1 by 2, ..., 8 by 9 and 9 by 0). This number can occur nowhere in the list, as its n-th digit is different from the n-th digit in the n-th row. Hence the set of all real numbers cannot be enumerated.
The set of all subsets of A has a higher cardinality than A. Hence there are infinitely many cardinalities. For each cardinality there exists one that is the next largest.
Some rules for infinite cardinalities look familiar, others strange. Set theory has been called the theology of mathematicians. (Rudy Rucker)
Cantor conjectured that there is no cardinality that is both larger than the cardinality of the natural numbers and smaller than that of the reals (i.e. of the "continuum"). For decades, he tried in vain to prove this. He suffered severe nervous breakdowns and ended up in a psychiatric clinic.

Beim Weltkongress der Mathematik 1900 in Paris forderte David Hilbert die Fachwelt mit einer Liste von 23 offenen Problemen aus allen Gebieten der Mathematik heraus.
Das erste Problem auf Hilberts Liste war die Cantorsche Kontinuumsvermutung. Hilbert hielt es für »sehr wahrscheinlich«, dass jede unendliche Teilmenge der reellen Zahlen entweder die Kardinalität aller natürlichen Zahlen oder die Kardinalität des Kontinuums hat.

At the International Congress of Mathematicians in Paris in 1900, David Hilbert challenged the assembled experts with a list of 23 open problems from all fields of mathematics.
The first problem on Hilbert's list was Cantor's continuum hypothesis. Hilbert took it as "very probable" that every infinite subset of real numbers has either the cardinality of the natural numbers or that of the continuum.

Alle Zweige der Mathematik lassen sich auf der Mengenlehre begründen. Zum Beispiel lassen sich die natürlichen Zahlen einführen, indem man von der leeren Menge ausgeht und schrittweise neue Mengen einführt, indem man die Menge aller bereits erhaltenen Mengen bildet.
Ernst Zermelo, ein Mitarbeiter von Hilbert, führte 1906 Axiome für die Mengenlehre ein, die nach einer leichtem Modifikation heute als Zermelo–Fraenkel Axiome in allgemeinem Gebrauch sind.
Zermelo erkannte, dass man, um Mengen »wohlordnen« zu können, ein sogenanntes Auswahlaxiom braucht: Zu jeder Familie von nichtleeren Mengen lässt sich ein Element aus jeder Menge auswählen.

Für endliche Familien ist das klar, aber wie wählt man aus unendlich vielen Mengen je ein Element? Bertrand Russell stellte dies so dar: aus unendlich vielen Paar Schuhen kann man je einen auswählen – etwa den linken. Aber um dasselbe mit Socken zu machen, braucht man das Auswahlaxiom.

All branches of mathematics can be expressed in terms of set theory. The natural numbers, for instance, can be introduced by starting with the empty set and recursively building new numbers by forming the set of all hitherto obtained sets.

In 1906, Ernst Zermelo, a collaborator of Hilbert, introduced axioms for set theory. With slight modifications, the axioms of Zermelo–Fraenkel are still in general use.

Zermelo recognised that one needs the so-called axiom of choice for "well-ordering" all sets. Given any family of non-empty sets, one can chose an element from each set.

For finite families this is obvious but how does one choose an element from each of infinitely many sets? This is how Bertrand Russell explained it: given an infinite family of pairs of shoes, you can pick one shoe of each pair – the left, say. But if you want to do the same with an infinite family of pairs of socks, you need the axiom of choice.

Und dann kam Gödel – *Along came Gödel*

1935 wendete sich Gödel der Mengenlehre zu; zwei Jahre später erzielte er einen großen Erfolg.

In 1935 Gödel turned to set theory. Two years later he achieved a breakthrough.

Wien 3./VII. 1937.

Lieber Professor Menger:

Vielen Dank für Ihren freundlichen Brief. Ich wäre im Prinzip einverstanden an die University of Notre Dame zu kommen; es würde mich sogar sehr interessieren, den Betrieb an einer katholischen amerikanischen Universität kennen zu lernen. Die Bulletins, die mir zugeschickt wurden haben mich sehr interessiert u. ich lasse mich bestens dafür gerne akzeptieren; falls die übrigen Bedingungen (Besoldung u. Verpflichtungen meinerseits) annehmbar sind.

Bei mir gibt es nicht viel Neues. Seit ich aus Aflenz zurück bin, geht es mir gesundheitlich wieder schlechter, aber immer noch leidlich gut. Von meiner Vorlesung in der ich am Schlusse die Widerspruchsfreiheit des Auswahlaxioms im System der Mengenlehre bewiesen habe, hat Ihnen ja vielleicht Herr Wald geschrieben. Den analogen Beweis für das System der Principia Mathematica, sowie das Teilresultat über die Kontinuumhypothese, von dem ich Ihnen erzählte, habe ich im Kolloquium referiert. Augenblicklich überlege ich mir eben, ob ich im nächsten Semester etwas Elementares oder etwas Höheres lesen soll oder ob ich gar nicht lesen u. meine Zeit für eigene Arbeiten verwenden soll. Im zweiten Fall besteht die Gefahr dass ich keine Hörer unter den Studenten habe, weil keine genügende logistische bzw. mengentheoretische Vorbildung mehr vorhanden ist seit Carnap u. Hahn nicht mehr lesen.

Zum Schlusse möchte ich Ihnen noch zu Ihrer Berufung an die Notre Dame University, die ich aus dem Bulletin erfahren habe, herzlich gratulieren, wenn ich es auch sehr bedaure, dass ich damit wieder einen Freund in Wien verliere. Was sind Ihre Pläne betreffs des Wiener Kolloquiums?   Mit herzlichen Grüssen u. besten Wünschen für Sie u. Ihre werte Familie   Ihr Kurt Gödel

133

1937 gelang es Kurt Gödel, zu beweisen, dass das Auswahlaxiom nicht im Widerspruch steht zu den anderen Axiomen der Mengenlehre, und dass die Kontinuumshypothese nicht im Widerspruch steht zu den Axiomen von Zermelo–Fraenkel (inklusive Auswahlaxiom).

Das war kein Beweis des Auswahlaxioms oder der Kontinuumshypothese. Aber schon damals vermuteten Mathematiker, dass ein solcher gar nicht möglich ist.

Gödel wollte zeigen, dass auch die Negation der Kontinuumshypothese nicht im Widerspruch zu den Axiomen der Mengenlehre steht. Er versuchte also zu beweisen, dass die Kontinuumshypothese unabhängig ist von den Axiomen von Zermelo–Fraenkel (einschließlich des Auswahlaxioms).

In 1937 Kurt Gödel was able to prove that the axiom of choice is consistent with the other axioms of set theory and that the continuum hypothesis is consistent with the axioms of Zermelo–Fraenkel (including the axiom of choice).

This did not prove either the axiom of choice or the continuum hypothesis. But by that time, mathematicians had already conjectured that such a proof is not possible.

Gödel tried to show that the negation of the continuum hypothesis is also consistent with the axioms of set theory. In other words, he attempted to prove that the continuum hypothesis is independent of the axioms of Zermelo–Fraenkel (including the axiom of choice).

1942 berichtet er Morgenstern von guten Fortschritten beim Unabhängigkeitsbeweis.

In 1942 Morgenstern notes in his diary: "... He [Gödel] says that he is making good progress with the proof of independence and perhaps will be finished in a few months! If one can talk to him alone it is very nice and interesting. But he is different from Johnny [von Neumann]. Both think very highly of each other but do not meet often."

Nach jahrelangen erfolglosen Bemühungen wandte sich Gödel anderen Fragen zu. 1962 gelang es dem jungen amerikanischen Mathematiker Paul Cohen, die Unabhängigkeit der Kontinuumshypothese zu beweisen. Gödel brachte Cohens Arbeit in den *Proceedings* der National Academy of Science (deren Mitglied er war) heraus. Aus den Ergebnissen von Gödel und Cohen folgte, dass Hilberts Problem unlösbar ist.

After years of fruitless attempts, Gödel turned to other questions. In 1962 the young American mathematician Paul Cohen succeeded in proving the independence of the continuum hypothesis. Gödel submitted Cohen's paper to the Proceedings *of the National Academy of Science (of which he was a member). Gödel and Cohen's results imply that Hilbert's problem is unsolvable.*

THE INDEPENDENCE OF THE CONTINUUM HYPOTHESIS

By Paul J. Cohen*

DEPARTMENT OF MATHEMATICS, STANFORD UNIVERSITY

Communicated by Kurt Gödel, September 30, 1963

This is the first of two notes in which we outline a proof of the fact that the Continuum Hypothesis cannot be derived from the other axioms of set theory, including the Axiom of Choice. Since Gödel[3] has shown that the Continuum Hypothesis is consistent with these axioms, the independence of the hypothesis is thus established. We shall work with the usual axioms for Zermelo-Fraenkel set theory,[2] and by Z-F we shall denote these axioms without the Axiom of Choice, (but with the Axiom of Regularity). By a model for Z-F we shall always mean a collection of actual sets with the usual ϵ-relation satisfying Z-F. We use the standard definitions[3] for the set of integers ω, ordinal, and cardinal numbers.

THEOREM 1. *There are models for Z-F in which the following occur:*

(1) *There is a set a, $a \subseteq \omega$ such that a is not constructible in the sense of reference*

Annahme befürworte. Da das Problem schwierig ist, so war natürlich auch die Kontrolle der Richtigkeit seiner Lösung zeitraubend. Ähnliche Dinge, wenn auch nicht von gleicher Wichtigkeit, kommen aber in letzter Zeit mehr u. mehr vor. Es ist unglaublich, was für einen rapiden Aufstieg die Mathematik hier in den letzten Jahren genommen hat, seit nämlich, wegen der Konkurrenz Russlands, Unsummen von Regierungsgeldern in die Wissenschaften investiert werden. Die Anzahl der Doktoranden in Math. hat sich in wenigen Jahren verdreifacht. Zu alledem kommen dann noch die jetzigen spezifischen Institutsangelegenheiten. Da wird über kontroverse Punkte

Gödel wrote to his mother. "… and just now, two weeks ago, someone has solved an important problem in my field. I had to read the paper at once because he – rightly – wants to publish it in the journal of the academy of sciences here and I, as a member of the academy, am responsible for its correctness, if I propose that it is accepted."

Die Lage war ähnlich wie in der Geometrie. Jahrhundertelang hatten sich Geometer bemüht, das »fünfte euklidische Postulat« zu beweisen: durch einen Punkt, der nicht auf einer Geraden liegt, geht genau eine Parallele zu dieser Geraden. Erst zu Beginn des 19. Jahrhunderts erkannten Gauss, Bolyai und Lobatschevsky unabhängig voneinander, dass dieses Postulat von den Axiomen der Geometrie unabhängig ist und daher nicht bewiesen werden kann.

Es gibt neben der euklidischen Geometrie, (die man erhält, wenn man das Postulat als Axiom zu den anderen hinzufügt), auch nichteuklidische Geometrien (für die es durch einen Punkt mehrere Parallelen zu einer vorgegebenen Geraden gibt oder gar keine Parallele). Die verschiedenen Geometrien sind von gleicher Konsistenz, ein Widerspruch in einer würde einen Widerspruch in den anderen nach sich ziehen.

Einsteins Relativitätstheorie beruhte auf der Erkenntnis, dass es viele Geometrien gibt. Logisch stehen diese Geometrien auf gleicher Stufe. Welche davon für unsere Welt tatsächlich gilt, ist eine Frage der Physik, nicht der Mathematik.

The situation was similar to that in geometry. For centuries, geometers had tried to prove "Euclid's fifth postulate": if a point does not lie on a given straight line, there is exactly one straight line through that point zhat is parallel to the given line. It was only in the first half of the 19th century that Gauss, Bolyai and Lobatchevsky, independently of one another, recognized that this postulate was independent of the axioms of geometry and could be neither proved nor disproved.

Classical Euclidean geometry is obtained by adding this postulate to the other axioms. With the same logical justification, one can add contrary axioms (through the point, there could be several parallels to a given line, or none at all). This yields non-Euclidean geometries. The different geometries are equally consistent: a contradiction in one would imply a contradiction in the others.

Einstein's theory of relativity was based on understanding that there are many different geometries. Logically, they are all equivalent. Which one is valid for our real world is a matter for physics, not mathematics.

Schon Gödels Lehrer Hahn hatte vermutet, dass Auswahlaxiom und Kontinuumshypothese in diesem Sinn unabhängig von den anderen Axiomen der Mengenlehre sind. Gödel sah das nicht so. Er suchte nach einem besseren System von Axiomen für die Mengenlehre, in dem die Kontinuumshypothese entscheidbar wäre. Doch das gelang ihm nicht.

Gödel's former advisor Hahn had already conjectured that the axiom of choice and the continuum hypothesis were similarly independent from the other axioms of set theory. Gödel saw it differently. He was looking for a better system of axioms for set theory that would allow the continuum hypothesis to be decided. But he did not succeed.

137

Einsteins Universum

Die Freunde – *The friends*

Einstein und Gödel wurden in Princeton enge Freunde. Von 1942 bis zum Tod Albert Einsteins 1955 trafen sie einander fast täglich zu Spaziergängen. »The greatest intellectual friendship since Plato and Socrates« führte zu einer erstaunlichen Entdeckung Gödels: die allgemeine Relativitätstheorie erlaubt Zeitreisen in die Vergangenheit.

Einstein and Gödel became close friends in Princeton. From 1942 until Einstein's death in 1955 they met almost daily for walks. "The greatest intellectual friendship since Plato and Socrates" led Gödel to an astonishing discovery. General relativity permits time travel into the past.

»Gödel war der einzige unserer Kollegen, der mit Einstein auf Augenhöhe verkehrte.«
(Freeman Dyson)

»Der eine, der während der letzten Jahre gewiss der weitaus beste Freund Einsteins war, ... war Kurt Gödel, der große Logiker. Ihre Persönlichkeiten unterschieden sich auf beinahe jede Weise ... aber eine fundamentale Eigenschaft war ihnen gemein: beide gingen voller Schwung und ohne Umschweife auf die zentralen Fragen los.« (Ernst Straus)

"Gödel was the only one of our colleagues who walked and talked on equal terms with Einstein."
(Freeman Dyson)

"The one man who has been certainly by far Einstein's best friend over the past years ... was Kurt Gödel, the great logician. They were very different in almost every personal way ... but they shared a fundamental quality: both went directly and wholeheartedly to the questions at the very centre of things." *(Ernst Straus)*

»Ich gehe nur ans Institut um das Privileg zu haben, Gödel auf dem Heimweg zu begleiten zu dürfen.«

"I go to my office just to have the privilege of being able to walk home with Kurt Gödel."

(Albert Einstein)

den im August an's Meer fahren könnten. Es ist ja
jetzt alles so überfüllt. Einstein sehe ich fast täglich. Er ist für sein Alter sehr rüstig. Man sieht ihm

nicht an, dass er schon fast siebzig ist, u. er scheint
sich jetzt auch gesundheitlich ganz voll zu fühlen.
Dass er sich auch politisch betätigt oder wenigstens
seinen Namen dafür hergibt, wirst Du ja wissen. Insbesondere ist er auch Vorsitzender eines Kommittees
der Atomwissenschaftler, die für die Errichtung einer
"Weltregierung", d.h. eines mit Militärmacht ausgestatteten
Völkerbundes, arbeiten. Sie fühlen sich verpflichtet,
nachdem sie die Atombombe in die Welt gesetzt haben,
etwas dafür zu tun, dass sie nicht zur Zerstörung der
Menschheit verwendet wird — Dass in den Wiener
Zeitungen immerfort so betont wird, dass Hlawka der
erste österreichische Mathematiker ist, der an's hiesige Institut kommen soll, ist mir an sich ganz gleich-
gültig, aber es macht jetzt wirklich schon den Eindruck, als wenn da eine Absicht dahinter wäre. Man
will anscheinend beweisen, dass ich nicht existiere u.
nie existiert habe. Es ist mir ein Trost, dass ich dieses
Schicksal mit noch mindestens 2 andern österreich.

Gödel wrote to his mother: "I see Einstein almost daily. He is very sturdy for his age. He is almost seventy but doesn't look it and seems to feel fine health-wise. You will probably know that he is now politically engaged, or at least lends his name to such things. In particular, he is chairman of a committee of atomic scientists working for the installation of a 'world government', i.e. a United Nations with military powers."

»Warum wohl Einstein an den Gesprächen mit mir Gefallen fand?«, schrieb Gödel später, und sieht eine der Ursachen darin »dass ich häufig der entgegengesetzten Ansicht war und kein Hehl daraus machte.«

"Why did Einstein enjoy talking with me?", Gödel later writes and gives as one of the reasons "that my views were often opposed to his, and that I made no secret of that."

Allgemeine Relativitätstheorie – *General Relativity*

Seit 1912 arbeitete Einstein an einer Theorie, die die Schwerkraft als geometrische Eigenschaft des Universums darstellt. Nach einem dramatischen wissenschaftlichen Wettrennen mit Hilbert fand er 1915 die korrekte Form seiner Feldgleichungen. »Die Raumzeit ergreift die Masse und sagt ihr, wie sie sich bewegen soll, und die Masse ergreift die Raumzeit und sagt ihr, wie sie sich krümmen soll.« (J. A. Wheeler)

From 1912 on Einstein worked on a theory treating gravity as a geometric property of the universe. After a dramatic scientific race with Hilbert, he found the correct form of his field equations in 1915. "Space-time grips mass, telling it how to move and mass grips space-time, telling it how to curve." (J. A. Wheeler)

Einsteins allgemeine Relativitätstheorie sagte voraus, dass Lichtstrahlen durch die Schwerkraft gekrümmt werden. Der experimentelle Nachweis 1919 machte Einstein zum berühmtesten Wissenschaftler seiner Zeit.

Einstein's general theory of relativity predicts that light rays are bent by gravity. The experimental proof, in 1919, turned Einstein into the most famous scientist of his time.

»Jeder Junge in den Straßen Göttingens versteht mehr über vierdimensionale Geometrie als Albert Einstein. Trotzdem vollbrachte Einstein die Arbeit und nicht die Mathematiker.«
(David Hilbert)

"Every youngster in the streets of Göttingen understands more about four-dimensional geometry than Einstein. Yet in spite of that, Einstein did the work and not the mathematicians."
(David Hilbert)

140

Der Wiener Physiker Hans Thirring, ein Lehrer Kurt Gödels, und der Mathematiker Josef Lense folgerten 1920 aus Einsteins allgemeiner Relativitätstheorie, dass ein rotierender Körper (etwa die Erde) ein anderes Schwerefeld hat als derselbe Körper im ruhenden Zustand. Dieser Effekt wurde erst im Jahr 2005 durch künstliche Satelliten gemessen.

The Viennese physicist Hans Thirring, one of Gödel's teachers, and the mathematician Josef Lense concluded in 1920 from Einstein's general theory of relativity that a rotating body (such as the Earth) has a different field of gravity than the same body at rest. This effect was only measured in 2005 by artificial satellites.

Thirring rotiert

Natürlich dreht sich die Erde im Weltall, und nicht das Weltall um die Erde. Aber was bedeutet das eigentlich? Gibt es einen »absoluten Raum«? Bereits Newton hatte sich mit der Frage auseinandergesetzt, und mit einem Eimer experimentiert, den er in Rotation versetzte. Die Wasseroberfläche im Eimer wölbt sich erst, wenn das Wasser durch die Reibung ebenfalls rotiert. Einstein begründete seine Überlegungen zur Relativitätstheorie auf dem Machschen Prinzip: die Trägheit eines Körpers wird durch seine Wechselwirkung mit dem Rest des Universums bestimmt.

Of course the Earth rotates in space, rather than space around the Earth. But what exactly does that mean? Is there an "absolute space"? Newton had already thought about this problem, and even experimented with a bucket which he sent rotating. The surface of the water curved only after friction had caused the water also to rotate. Einstein based his theory on what he termed "Mach's principle": the inertia of a body results from its interaction with the rest of the universe.

Einsteins Wien – *Einstein's Vienna*

Seit 1911, als er in Prag seine erste ordentliche Professur antrat und damit kurzfristig zum österreichischen Staatsbürger wurde, hatte Einstein enge Beziehungen zu Wien. Einsteins Vorträge in Wien in den Jahren 1913, 1922 und 1931 wurden von Tausenden gestürmt.

Einstein's close contacts with Vienna date from 1911, when he became professor in Prague and therefore for a short time an Austrian citizen. His lectures in 1913, 1922 and 1931 attracted thousands.

Gästebuch des Wiener Physikers Ehrenhaft (eines Lehrers von Gödel) mit den Unterschriften von Hahn und Wirtinger, und Reimen von Einstein. Gödel lernte Einstein erst 1933 in Princeton kennen.

Guestbook of the Viennese physicist Ehrenhaft (a teacher of Gödel) with the signatures of Hahn and Wirtinger and poetry by Einstein. Gödel first met Einstein in 1933 in Princeton.

Hans Thirring hatte Gödel vor dessen Ausreise 1940 gebeten, Einstein auf die Gefahr einer atomaren Aufrüstung Nazi-Deutschlands hinzuweisen. Erst 1972 erkundigte sich Thirring, ob Gödel Einstein benachrichtigt hatte.

Before Gödel left Vienna in 1940, Hans Thirring had asked him to warn Einstein of the dangers of Nazi Germany's developing a nuclear weapon. In 1972, Thirring asked Gödel whether he had informed Einstein.

1921 —

Princeton 27./VI./1972

Lieber Professor Thirring!

Es hat mir sehr leid, aus Ihrem Briefe zu erfahren, dass Sie einen Schlaganfall hatten, der einen dauernden Schaden verursachte. Ich wünsche Ihnen das bestmögliche für die weitere Entwicklung Ihres Zustandes.

Was Ihre Frage betrifft, so erinnere ich mich nur daran, dass ich Einstein Grüsse von Ihnen überbrachte. Ich hatte damals seit etwa 10 Jahren jeden Kontakt mit der Physik u. mit Physikern verloren. Ich wusste nicht, dass an der Herstellung einer Kettenreaktion gearbeitet wurde. Als ich später von diesen Dingen hörte, war ich sehr skeptisch, nicht aus physikalischen, sondern aus soziologischen Gründen weil ich glaubte, dass diese Entwicklung erst gegen das Ende unserer Kulturperiode erfolgen wird, die vermutlich noch in ferner Zukunft liegt. In den Jahren 1940 u. 1941 sah ich Einstein sehr selten.

Gödel hatte lediglich »Grüße übermittelt«. Er hatte die Warnung nicht ernst genommen, da er glaubte, »dass diese Entwicklung erst gegen Ende unserer Kulturperiode erfolgen wird, die vermutlich noch in ferner Zukunft liegt.«

Gödel had merely "sent greetings". Gödel had not taken the warning seriously because he thought "that this development would only ensue toward the end of our culture period, which presumably still lay in the distant future."

Gödel erwähnte Einstein in vielen Briefen an seine Mutter, so auch am Höhepunkt des Kalten Krieges: »Einstein warnte die Welt, dass sich der Friede nicht durch Aufrüstung und Einschüchterung der Gegner erreichen ließe ...«

Gödel mentioned Einstein in many letters to his mother. At the height of the Cold War, "Einstein warned the world not to try to attain peace by rearmament and intimidating the adversaries ..."

dumm sein, sich als Kanonenfutter gegen die Russen verwenden zu lassen. Ich habe den Eindruck, daß Amerika mit seinen Inseln bald isoliert dastehen wird. Wie ich höre, ist bei Euch Renner gestorben. Den hat man sich wahrschein-

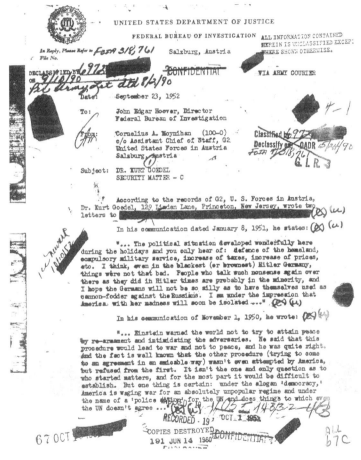

Derartige Briefe erregten die Aufmerksamkeit der alliierten Zensurbehörde, und ein General schrieb dem FBI-Direktor Herbert Hoover. Die Briefpassage »selbst im schwärzesten (oder braunsten) Hitlerdeutschland war es nicht so schlimm [wie jetzt in Amerika]« klang nicht Vertrauen erweckend.

Such letters aroused the attention of the Allied censorship and a general wrote to Herbert Hoover, the director of the FBI. Passages such as "even in blackest (or brownest) Hitler Germany it was not as bad [as now in the US]" did not sound reassuring.

I.N. 213.150

Liebste Mama! Princeton, 7./XI. 1947. 35.

Es ist wirklich schon bodenlos, wie lange ich Dir diesmal nicht geschrieben habe. Das hängt damit zusammen, dass ich beim Durchlesen meiner Arbeit, von der ich Dir schrieb, dass sie fertig ist, fand dass man doch noch eine Menge hinzufügen oder besser sagen kann. Es ist nämlich diesmal eine mehr philosophische als mathematische Sache, nämlich das Verhältnis von Kant zu Einstein schen Relativitätstheorie, u. da ist natürlich nicht alles so klar u. eindeutig wie in der reinen Mathematik. Ich habe mir dieses Thema selbst gewählt, als man mich aufforderte, einen Beitrag für einen Sammelband über die philosophische Bedeutung von Einstein u. seiner Theorie zu schreiben; wo ich natürlich nicht gut abschlagen konnte. Es tut mir auch gar nicht leid, dass ich angenommen u. gerade dieses Thema gewählt habe, denn diese Frage hat mich immer schon sehr interessiert u. ihre gründliche Untersuchung hat ausserdem zu rein mathematischen Ergebnissen geführt, die ich nachher veröffentlichen will; oder vielleicht vorher, denn, wann der Einstein band erscheint, das hängt ja vom Herausgeber ab. Eine rein mathematische Arbeit von mir (allerdings nur ein Exposé von keiner sehr grossen Bedeutung) ist jetzt

---

Gödel wrote to his mother:
"This time I haven't written to you for a really bottomless time. This is because when I re-read the paper I wrote to you about, I found that lots of things could be added or improved. This time it concerns a more philosophical than mathematical matter, viz. the relation between Kant and the theory of relativity and of course all this is not as clear and well-defined as in pure mathematics. I have chosen the topic myself, when I was asked to write a contribution for a volume about the philosophical relevance of Einstein and his theory, which I could hardly decline. I don't regret at all that I have accepted and chosen this topic, because the question has always interested me very much and by carefully working it through I have been led to purely mathematical results that I will publish later, or maybe earlier, because the date when the volume will appear is up to the editor."

Gödel sollte 1947 für einen Sammelband zu Einsteins 70. Geburtstag ein paar Seiten über Kant und die Relativitätstheorie schreiben. Aus einem philosophischen Aufsatz entstand eine mathematische Theorie: Gödel wies die Möglichkeit von rotierenden Universen nach, für die es keine absolute Zeit gibt und keine globale Gleichzeitigkeit. Da die Galaxien in Bezug auf das lokale Inertialsystem rotieren, befolgt die allgemeine Relativitätstheorie nicht das Machsche Prinzip.

In 1947 Gödel was asked to write a few pages on Kant and relativity for a volume dedicated to Einstein's 70th birthday. A philosophical essay turned into a mathematical theory. Gödel discovered the possibility of rotating universes for which there is no absolute time and no global simultaneity. Since the galaxies rotate with respect to the local inertial frame, general relativity does not obey Mach's principle.

Morgenstern's diary: "A world in which simultaneity cannot be defined."

In Gödels rotierenden Universen kann man keine globale Gleichzeitigkeit definieren. Diese kann man sich als einen senkrechten Schnitt durch sämtliche Weltlinien vorstellen. Ein solcher Schnitt ist bei »parallelen Weltlinien« möglich, aber nicht, wenn sich diese, ähnlich wie Fasern in einem Seil, um einander winden.
Gödel hielt 1950 beim Internationalen Mathematikerkongress einen Hauptvortrag über »Rotating universes in general relativity.« Später führte er Aufzeichnungen über alle bekannten Galaxien, um eine Bestätigung für seine Theorie zu finden. Rotierende Universen müssen mehr Galaxien in einer Himmelshälfte als in der anderen haben.

There can be no global simultaneity in Gödel's rotating universes. Such simultaneity can be conceived as an orthogonal slice through all world-lines. Such a slice is possible for "parallel world-lines", but not world-lines twisting around each other like the fibers in a rope.
At the International Congress of Mathematics in 1950, Gödel gave a plenary lecture on "Rotating universes in general relativity". Later, he kept a list of all known galaxies in the hope of finding evidence for his theory. Rotating universes must have more galaxies in one half of the sky than in the other.

1951 erhielten Kurt Gödel und der spätere Nobelpreisträger Julian Schwinger den ersten Einstein-Preis (den nächsten bekam Richard Feynman, der später ebenfalls den Nobelpreis erhielt).

In 1951, Kurt Gödel and Julian Schwinger (a future Nobel Prize winner) received the first Einstein Award. (The next one went to Richard Feynman, who later also received a Nobel Prize).

February 27, 1951

Dr. Kurt Gödel
The Institute for Advanced Study
Princeton, New Jersey

Dear Dr. Gödel:

I have learned with great satisfaction from the Committee on the Einstein Award, consisting of Dr. Einstein, Dr. Oppenheimer, Dr. von Neumann and Dr. Weÿl, that they have recommended two candidates for the first presentation of the Award, which will accordingly be divided between you and Dr. Schwinger.

In order to meet the convenience of Dr. Einstein who has kindly consented to present the medals and the prizes, it has been arranged that the presentation will be made in Princeton at a lunch at the Princeton Inn on Dr. Einstein's birthday, March 14. It would give me a great deal of pleasure if you and Mrs. Gödel will have lunch with me at 12:30 on that day. I know that you have been in poor health and I trust that your convalescence will have improved sufficiently in the interval so that you may be with us. Please accept my congratulations.

Cordially yours

Lewis Strauss

Lewis L. Strauss

LLS:JM

Admiral Lewis Strauss setzt Gödel von dem Preis – seiner ersten akademischen Ehrung – in Kenntnis.

Admiral Lewis Strauss informs Gödel about his Award – his first academic honor.

148

nen Gesten besteht. – Einstein war natürlich während meiner Krankheit ganz besonders nett zu mir u. hat mich sowohl im Spital als zu Hause eine ganze Reihe von Malen besucht. Von dem Preis, den ich (zusammen mit einem andern Wissenschaftler) an seinem Geburtstag bekommen habe, hast Du ja wahrscheinlich in den Wiener Zeitungen gelesen. Es kam für mich ganz unerwartet. Es war auch eine schöne goldene Medaille dabei, aber für mich ist ja momentan das Geld besonders wichtig, denn Du kannst Dir ja denken, dass Ärzte, Spitalsrechn. etc. eine ziemliche Menge davon verschlingen. Ich hoffe aber, dass doch ein beträchtlicher Teil übrig bleiben wird. Wegen einer ev. Reise nach Europa schreibe ich an Rudi. Aus Euren letzten Briefen ersehe ich leider, dass es Euch beiden gesundheitlich auch nicht allzu gut geht. Wie steht es damit jetzt?

Mit tausend Bussi immer Dein Kurt

P.S. Die am 1/III. fälligen $30 sind bereits unterwegs.

Gödel writes to his mother:
"Of course Einstein has been particularly nice to me during my illness and visited me quite a few times, both in hospital and at home. You will probably have read in the Viennese dailies about the prize I have received on his birthday (together with another scientist). I had not expected it at all. A nice gold medal went with it but at the moment the money was particularly important to me, since as you can imagine doctors, hospital bills etc will take up quite a lot of it."

From Morgenstern's diary: "Now in his universe one can travel in the past."

Zeitreisen sind ein beliebtes Sujet von Filmen wie »Reise in die Vergangenheit« oder »Zurück in die Zukunft«. Gödel zeigte, dass in rotierenden, nicht expandierenden Universen Zeitreisen in die Vergangenheit möglich sind. Lichtstrahlen, die senkrecht zur Rotationsachse ausgesandt werden, kehren wieder zurück. Gödel schrieb: »Wenn wir in einem Raumschiff eine Rundfahrt in einer genügend großen Kurve machen, ist es in diesen Welten möglich, in eine beliebige Region der Vergangenheit, Gegenwart oder Zukunft und wieder zurück zu reisen, genauso wie es in anderen Welten möglich ist, in entfernte Teile des Raumes zu reisen.« Man muss dabei allerdings mindestens halb so schnell wie das Licht sein.

Betrifft das uns, die wir in einem expandierenden Universum leben? Allerdings, meint Gödel: denn wenn eine Welt ohne absolute Zeit denkbar ist, so besagt dies etwas Grundlegendes über unseren Zeitbegriff.

Gödel beschreibt, wie ein Zeitreisender mit einem jüngeren Selbst zusammentreffen kann und dort »dieser Person etwas antun« könnte, das seiner Erinnerung widerspricht. Immerhin: für jemanden, der in der eigenen Vergangenheit landet, wird die Zeit in dieselbe Richtung laufen, also nicht wie ein verkehrt abgespulter Film.

In einer Fußnote schätzt Gödel sogar den Energieverbrauch ab.

Einstein kommentiert: »Es wird interessant sein, abzuwägen, ob diese kosmologischen Lösungen nicht aus physikalischen Gründen auszuschließen sind.«

Gödels kosmologische Arbeiten stießen eine Zeit lang auf wenig Widerhall. »Es geschah etwas Außerordentliches: gar nichts.«

(P. Yourgrau)

Time travels are a favorite ploy of many films such as "The time machine" or "Back to the Future". Gödel showed that time travel is possible in rotating, non-expanding universes. Light rays orthogonal to the axis of rotation will eventually return. Gödel wrote: "By making a round trip on a rocket ship in a sufficiently wide curve, it is possible in these worlds to travel into any region of the past, present or future, and back again, exactly as it is possible in other worlds to travel to distant parts of space." One has, however, to be half as fast as light.

Does this concern us, who are living in an expanding universe? Yes, according to Gödel: for if one can conceive a world without absolute time, this tells us something fundamental about our notion of time.

In his paper on "Relativity and idealistic philosophy", Gödel describes how a time-traveller could meet with a younger self, and "do something to this person" which contradicts the own memory.

Gödel describes how a time traveller can meet with a younger self, and "do something" to this person which conflicts with his or her memory. The good news: For persons alighting in their own past, time will flow in the same direction, not like a film running backwards.

In a footnote Gödel even estimates the energy consumption.

Einstein comments: "It will be interesting to weigh whether these cosmological solutions are not to be excluded on physical grounds."

For some time Gödel's cosmological work met with little response. "Something extraordinary happened: nothing."

(P. Yourgrau)

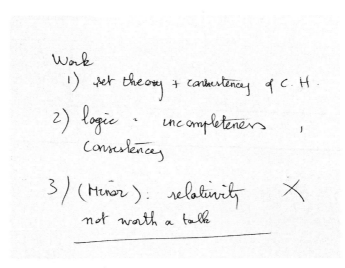

In einer Notiz hält der Direktor des Instituts fest, wer beim Begräbnis Kurt Gödels welche seiner Entdeckungen würdigen soll. Bei der Relativitätstheorie steht nur: »not worth a talk« (keine Rede wert).

In a note from the director of the Institute for Advanced Study on who should speak about what at Gödel's funeral, the theory of relativity is deemed "not worth a talk".

Einstein wäre anderer Meinung gewesen.

Einstein would have thought differently.

Platos Schatten – *Plato's Shadow*

Ein Platonist reinsten Wassers – *An unadulterated Platonist*

Der Platonismus von Gödel wirkte fremd in seinem Jahrhundert. Gödel bekannte sich dazu in seiner Gibbs Lecture, in den sechs Fassungen seines Aufsatzes über Carnap und in seinen Gesprächen mit Hao Wang.

Gödel's Platonist views appear strange in the twentieth century. Gödel expounded them in his Gibbs Lecture, in the six versions of his essay on Carnap and in his talks with Hao Wang.

»Die Platonistische Sicht ist die einzig haltbare«, schreibt Kurt Gödel. »Damit meine ich, dass die Mathematik eine nichtsinnliche Wirklichkeit beschreibt, die unabhängig sowohl von den Handlungen als auch von den Zuständen des menschlichen Geistes existiert und die nur vom menschlichen Geist wahrgenommen wird, und das wahrscheinlich unvollständig. Diese Ansicht ist ziemlich unbeliebt unter Mathematikern.«

"The Platonist view is the only one tenable", wrote Gödel. "Thereby, I mean the view that mathematics describes a non-sensual reality, that exists independently both of the acts and of the dispositions of the human mind and is only perceived, and probably perceived very incompletely, by the human mind. This view is rather unpopular among mathematicians."

Dieses Buch von Theodor Gomperz galt jahrzehntelang als Standardwerk. Sein Sohn Heinrich Gomperz prägte Gödel mit seiner Einführung in die Philosophie.

Theodor Gomperz wrote a book on Greek Thinkers which became a classic. His son Heinrich impressed Gödel with his introduction to philosophy.

Plato lehrte, dass es eine geistige Welt und eine körperliche gibt. Die eine erfassen wir durch das Denken, die andere durch die Sinne. Für Gödel haben die Objekte der Mathematik reale Existenz in der Welt der Ideen. Ein mathematischer Satz ist wahr, wenn er das reale Verhalten in der geistigen Welt richtig wiedergibt.

According to Plato, there is a world of ideas and a physical world. One can be reached by thought and the other by the senses. For Gödel, the objects of mathematics have real existence in the world of ideas. A mathematical statement is true if it correctly depicts reality in the world of ideas.

In seinem berühmten Gleichnis stellte Plato die Menschen als Gefangene in einer Höhle dar, die nur Schatten wahrnehmen können. Das Reich der Ideen ist wirklicher als unsere Sinnesempfindungen.

In his famous allegory, Plato describes humans as prisoners in a cave, able to see only shadows. The realm of ideas is more real than our sense experiences.

Gödel wrote to his mother:
"If someone protests that it is not possible that we recall in another world the experiences in this one, that is quite unjustified, because we could be born in another world already with those latent recollections. Besides, one must of course assume that our understanding there will be better than it is here, so that we will perceive anything of importance with the same unerring certainty as that 2 · 2 = 4, where delusion is objectively excluded."

Gödel schreibt seiner Mutter:

zeugt. Hat doch sogar der Atheist Schopenhauer einen Artikel über die "scheinbare Absichtlichkeit im Schicksal der Einzelnen" geschrieben. Wenn man einwendet, es sei unmöglich, dass wir uns in einer andern Welt an die Erlebnisse in dieser erinnern, so ist das ganz unberechtigt, denn wir könnten ja in der andern Welt/schon mit diesen latenten Erinnerungen geboren werden. Ausserdem muss man natürlich annehmen, dass unser Verstand dort wesentlich besser sein wird als hier, so dass wir alles Wichtige

mit derselben untrüglichen Sicherheit erkennen werden, wie $2 \times 2 = 4$, wo eine Täuschung objektiv ausgeschlossen ist. So können wir dann auch absolut sicher sein, alles wirklich erlebt zu haben, woran wir uns erinnern. Aber ich fürchte ich komme wieder etwas zu viel in die Philosophie hinein. Ich weiss nicht, ob man die letzten 10 Zeilen überhaupt verstehen kann, ohne Philosophie studiert zu haben. N.B. hilft auch das heutige Philosophiestudium nicht viel zum Verständnis solcher Fragen, da

Laut Plato beruht Wissen eher auf Erinnerung als auf Erfahrung oder Lernen.
For Plato knowledge is based on remembrance rather than experience or learning.

»Gödel entpuppte sich als Platonist reinsten Wassers«, schrieb Russell in seiner Autobiografie. Er beschreibt seine Abende mit Einstein, Pauli und Gödel: »... sie alle hatten einen deutschen Hang zur Metaphysik.«
In seiner *Geschichte der westlichen Philosophie* schrieb Russell wenig später: »Es ist bemerkenswert dass die modernen Platoniker, mit wenigen Ausnahmen, von Mathematik nichts verstehen.«

"Gödel turned out to be an unadulterated Platonist", Russell notes in his autobiography. He describes his evenings with Einstein, Pauli and Gödel: "... they all had a German bias towards metaphysics." In his History of Western Philosophy Russell wrote a short while later: "It is noteworthy that modern Platonists, with few exceptions, are ignorant of mathematics."

Auf Leibniz' Spuren – *On the Track of Leibniz*

Gödel war von Leibniz fasziniert. »Mein Glaube ist theistisch, nicht pantheistisch, gemäß Leibniz und nicht Spinoza.«

Gödel was fascinated by Leibniz. "My creed is theistic, not pantheistic, following Leibniz and not Spinoza."

Gottfried Leibniz (1646–1716) war ein Universalgenie. Er zählt zu den Begründern der Differenzial- und Integralrechnung und untersuchte als erster das binäre Zahlensystem, das heute von allen Computern verwendet wird. Er befasste sich mit Philosophie, Recht, Geschichte, Theologie, Physik, Bergbau, den Ingenieurwissenschaften, Diplomatie etc. In seiner Vision einer *characteristica universalis* wollte er alle Operationen der Vernunft durch Kalküle ersetzen.

Gottfried Leibniz (1646–1716) was a universal genius. He ranks among the founders of integral and differential calculus and was the first to investigate the binary number systems used in all computers nowadays. He dealt with philosophy, law, history, theology, physics, mining, engineering, diplomacy, etc. In his vision of a characteristica universalis, he aimed at replacing all reasoning by calculations.

»Meine Herren, rechnen wir!«
Leibniz baute mehrere Rechenma-
schinen, die alle vier Grundrech-
nungsarten ausführen konnten.

"Gentlemen, let's compute!"
Leibniz devised several computers
able to perform the four basic opera-
tions.

Gödel vertrat die Ansicht, dass zahlreiche Schriften von Leibniz
unterdrückt und verborgen wurden. Er wollte die 5000 Seiten umfassenden Manuskripte von Leibniz aufarbeiten und hatte sogar
vor, deswegen von Princeton nach Hannover zu reisen, wo der
Nachlass aufbewahrt ist.

In Gödel's opinion, many of the writings of Leibniz were sup-
pressed and hidden. He wanted to work through the 5000 pages
of manuscripts of Leibniz and even planned to travel from Prince-
ton to Hannover, where Leibniz' unpublished writings are kept.

From Morgenstern's diary: "... We had long discussions, especially with Gödel, partly brilliant,
partly he has offered crazy ideas on Leibniz. It is deplorable that he entertains such fantasies. Wald
was horrified ..."

156

Gödel litt, wie Menger es ausdrückte, »an einem Verfolgungswahn für Leibniz«. Er glaubte an eine jahrhundertelang wirksame Verschwörung gegen dessen Ideen.

In Menger's view, Gödel suffered from a vicarious persecution complex on behalf of Leibniz. He believed in a centuries-old conspiracy against the ideas of Leibniz.

Gödel erklärt seiner Mutter die theologische Weltanschauung (Brief vom 6. 10. 1961):

Gödel wrote to his mother:
"Of course, today we are far from being able to justify the theological world view scientifically

but I think it may already be possible purely rationally (without the support of faith and any sort of religion) to apprehend that the theological world view is thoroughly compatible with all known facts (including the conditions that prevail on our earth). Two hundred and fifty years ago the famous philosopher and mathematician Leibniz already tried to do this, and this is what I have attempted in my last letters. What I call the theological world view is the idea that the world and everything in it has meaning and reason [to it] and in fact a good and indubitable meaning. It follows directly that our earthly existence, as it has a very doubtful meaning, can only be a means towards the goal of another existence. The idea that everything in the world has a meaning is, after all, precisely analogous to the principle that everything has a cause, on which the whole of science rests. With a thousand kisses."

Ein weiterer Philosoph, den Gödel in seinen letzten Lebensjahren intensiv studierte, war Edmund Husserl, der Gründer der Phänomenologie.
Husserl (1853–1938) studierte Mathematik und Philosophie und promovierte in Wien. Als Professor in Halle, Göttingen und Freiburg verfasste er umfangreiche logische und psychologische Untersuchungen zur Philosophie der Arithmetik. Sein Schüler Heidegger, 1933 Rektor in Freiburg, kündigte ihn aus rassischen Gründen und entfernte aus seinem Hauptwerk *Sein und Zeit* die Widmung an Husserl.

Another philosopher intensely studied by Gödel in his last years was Edmund Husserl, the founder of phenomenology.
Husserl (1853–1938) studied mathematics and philosophy and obtained his doctorate in Vienna. As a professor in Halle, Göttingen and Freiburg he published extensive logical and psychological investigations into the philosophy of arithmetic. His former student Heidegger, while rector in Freiburg in 1933, dismissed him for racial reasons and eliminated the dedication to Husserl from his major work, Time and Being.

Theologie – *Theology*

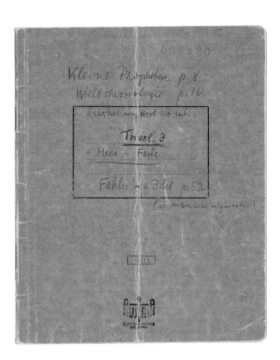

Gödel entwickelte schon früh großes Interesse für die Theologie und füllte mehrere Arbeitshefte mit Aufzeichnungen dazu. Der Untertitel hier: »Fehler in der Bibel«.

Gödel developed theological interests early on and filled several notebooks with remarks and comments. The title of this one is "Errors in the Bible".

Gödel erwarb 1937 die Enzyklika *Mit brennendem Herzen* von Papst Pius XII.

In 1937 Gödel bought a copy of the bull With burning heart *by Pope Pius XII.*

Ontologischer Beweis   Feb 10, 1970

$P(\varphi)$ φ is positive   ($\varphi \in P$)

Ax.1 $P(\varphi) . P(\psi) \supset P(\varphi . \psi)$ Ax 2 $P(\varphi) \vee P(\sim\varphi)$

Df 1 $G(x) \equiv (\varphi)[P(\varphi) \supset \varphi(x)]$ (God)

Df 2 $\varphi\,Ess.\,x \equiv (\psi)[\psi(x) \supset N(y)[\varphi(y) \supset \psi(y)]]$ (Essence of x)

$p \supset_N q = N(p \supset q)$ Necessity

Ax 2 $P(\varphi) \supset N\,P(\varphi)$ } because it follows
      $\sim P(\varphi) \supset N \sim P(\varphi)$ } from the nature of the property

Th. $G(x) \supset G\,Ess.\,x$

Df $E(x) \equiv (\varphi)[\varphi\,Ess\,x \supset N \exists x\,\varphi(x)]$ necessary Existence

Ax 3 $P(E)$

Th. $G(x) \supset N(\exists y)\,G(y)$

hence $(\exists x)G(x) \supset N(\exists y)\,G(y)$

" $M(\exists x)G(x) \supset M N(\exists y)\,G(y)$ M = possibility

" $\supset N(\exists y)\,G(y)$

any two essences of x are nec. equivalent
^{x} exclusive or $\cdot$ and for any number of summands

Vom heiligen Anselm, einem Scholastiker aus dem 12. Jahrhundert, stammt ein »ontologischer« Gottesbeweis, den Gödel logisch ausformulierte. Laut Morgenstern geschah das nicht, weil Gödel an Gott glaubte, sondern weil er die Logik des Arguments darstellen wollte.

Saint Anselm, a scholastic, presented a so-called "ontological" proof of the existence of God. Gödel formulated this proof in terms of symbolic logic, not because he believed in it (according to Morgenstern) but because he wanted to present the logic of the argument.

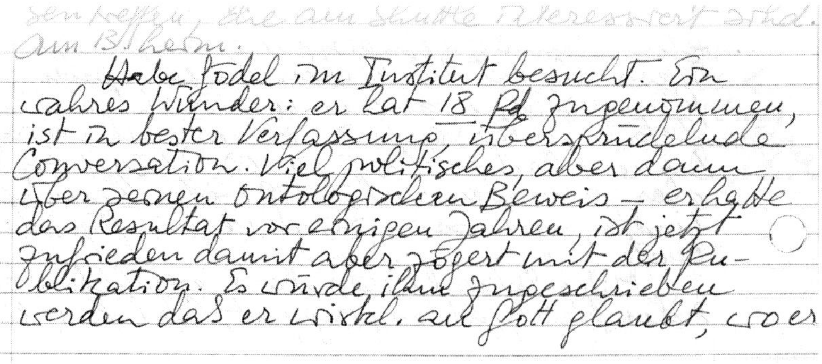
Habe Gödel im Institut besucht. Ein wahres Wunder: er hat 18 Pfd zugenommen, ist in bester Verfassung, übersprudelnde Conversation. Viel politisches, aber dann über seinen ontologischen Beweis – er hatte das Resultat vor einigen Jahren, ist jetzt zufrieden damit aber zögert mit der Publikation. Es würde ihm zugeschrieben werden daß er wirkl. an Gott glaubt, wo er

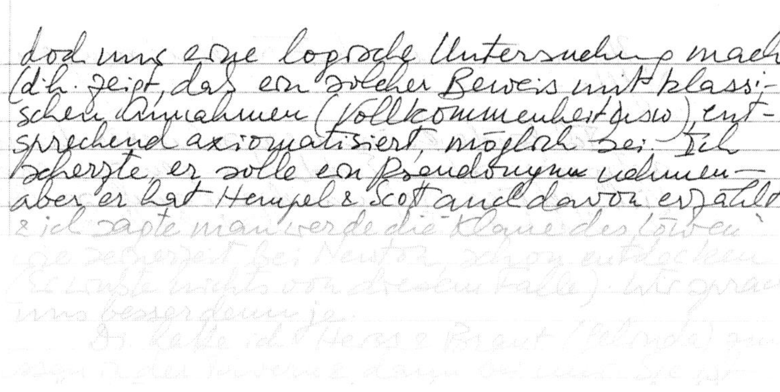
doch nur eine logische Untersuchung mache (d.h. zeigt, daß ein solcher Beweis mit klassischen Annahmen (Vollkommenheit usw.), entsprechend axiomatisiert, möglich sei. Ich scherzte, er solle ein Pseudonym nehmen – aber er hat Hempel & Scott auch davon erzählt & ich sagte man werde die Klaue des Löwen

From Morgenstern's diary:
"Visited Gödel at the Institute today. A true miracle: he has gained 18 pounds, is in best shape, sparkling conversation. Lots about politics but then about his ontological proof – he had the result several years ago, is now happy with it but hesitates over publishing it. It would be concluded that he really believes in God, whereas he is only undertaking a logical investigation (i.e. he shows that such a proof, appropriately axiomatised, is possible under classical assumptions – perfection etc). I joked that he should use a pseudonym – but he has already told Hempel and Scott about it and I said people would recognise 'the claw of the lion', as they did with Newton."

Auch Descartes und Leibniz hatten das Argument untersucht. Leibniz fasst es zusammen: »Ein vollkommenstes Wesen, das alle positiven Eigenschaften in höchstem Maß besitzt, ist denkbar. Daraus folgt aber dass es existiert, denn Existenz ist eine positive Eigenschaft.«

Descartes and Leibniz had also investigated the argument. Leibniz summed up: "A fully perfect being having all positive properties to the highest degree is conceivable. But this implies that it exists, as existence is a positive property."

Flugzeug "zufälliger weise" abgestürzt ist, glaubt ja
wohl kein Mensch. — Die religiösen Ansichten, über die ich
Dir schrieb, haben nichts mit Okkultismus zu tun.
Der religiöse Okkultismus besteht darin, in spiritistischen
Sitzungen den Geist des Apostels Paulus oder den Erz-
engel Michael etc. zu zitieren u. von ihnen Auskünfte über
religiöse Fragen einzuholen. Was ich Dir schrieb, ist ja
nichts als eine anschauliche Darstellung u. ~~Adaptierung~~
eine ~~Adaptierung~~ Anpassung an unsere heutigen Denk~~weise~~ von gewissen theologischen Lehren, die seit 2000 Jahren gepredigt
werden, allerdings mit vielem Unsinn gemischt. Wenn
man liest, was so im Laufe der Zeit in den verschiedenen Kirchen als Dogma behauptet wurde / u. noch wird, muss man
sich freilich wundern. Z.B. hat nach katholischem Dogma der allgütige Gott die meisten Menschen ausschliess-
lich zu dem Zweck geschaffen, um sie für alle Ewigkeit in
die Hölle zu schicken, nämlich alle ausser den guten Ka-
Atholiken, die ja auch von den Katholiken nur ein Bruch.

Gödel wrote to his mother:
"The religious views that I wrote to you about have nothing to do with occultism. Religious occultism consists in conjuring up the ghosts of the apostle Paul or the archangel Michael etc in spiritualistic séances and seeking information about religious questions from them. What I wrote to you is nothing but an intuitive exposition and an adaptation to our present way of thinking of certain theological doctrines that have been preached for two thousand years, though mixed with much nonsense. If you read what in the course of time has been, and still is, asserted as dogma in the various churches, you have to be really amazed. For example, according to Catholic dogma, the good Lord created most people expressly for the purpose of sending them to Hell for all eternity . . ."

Gödels Wien – *Gödel's Vienna*

Gödel verbrachte knapp fünfzehn Jahre in Wien, also weniger als in Brünn oder Princeton. Aber diese Jahre prägten ihn entscheidend. Er war ein ungewöhnlich stiller und zurückhaltender Mensch, aber keineswegs ein Einsiedler während seiner Wiener Jahre. Gödel gehörte zum Wiener Kreis und zum Mathematischen Seminar, und wurde durch das kulturelle und geistige Klima der Zwischenkriegsjahre, Wiens »Goldenem Herbst« mit seiner erstaunlichen künstlerischen und wissenschaftlichen Produktivität, stark beeinflusst.

Gödel spent only fifteen years in Vienna – less than in Brno or in Princeton. But these years were his formative years. Gödel was an unusually quiet and withdrawn person, but by no means a hermit in his Viennese years. He was a member of the Vienna Circle and of the mathematics institute, and decisively shaped by the cultural and intellectual climate of Vienna's "golden autumn", with its amazing artistic and scientific productivity.

Hans Hahn und das Mathematische Seminar –
Hans Hahn and the Mathematics Institute

In der Zwischenkriegszeit war die Mathematik an der Universität Wien durch die drei Ordinarien Wirtinger, Furtwängler und Hahn vertreten, drei Gelehrte von Weltruf. Das Mathematische Seminar befand sich in demselben Gebäude wie die physikalischen und chemischen Institute, im neunten Bezirk, dem Ärzte- und Universitätsviertel.

Between the two World Wars, the three full professors of mathematics at the University of Vienna were Wirtinger, Furtwängler and Hahn, all internationally renowned scientists. The mathematics institute was located in the same building as the institutes for physics and chemistry, in the 9th district, which was filled with intellectuals, academics and doctors.

Hans Hahn war der Lehrer und Doktorvater Gödels.
Karl Popper, 1921 außerordentlicher Hörer am Mathematischen Seminar, schrieb: »Mir erschien Hahn, allein unter den Mathematikern des Instituts, als eine Verkörperung der mathematischen Disziplin.«

Hans Hahn was the teacher and PhD adviser of Kurt Gödel. Karl Popper, who had enrolled in 1921 at the mathematics institute, wrote: "Of all the mathematicians at the Institute, Hahn seemed to me to be the embodiment of mathematical discipline."

164

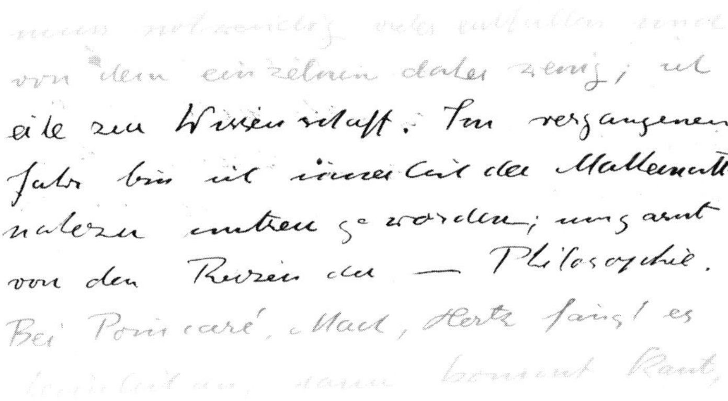

[handwritten manuscript text]

Hahn gilt als einer der Väter der modernen Analysis. Schon früh interessierte er sich für Philosophie und insbesondere für die Grundlagen der Mathematik.

Als junger Professor in Czernowitz schrieb er 1909 an seinen Freund, den Physiker Paul Ehrenfest: »Im vergangenen Jahr bin ich innerlich der Mathematik nahezu untreu geworden, umgarnt von den Reizen der – Philosophie.« Doch veröffentlichte er seinen ersten philosophischen Aufsatz, _Occams Rasiermesser_, erst zwanzig Jahre später. »Es war Wittgenstein«, heißt es darin, »der den tautologischen Charakter der Logik erkannte.«

Hahn wurde zum eigentlichen Begründer des Wiener Kreises. Bereits 1905 hatte er einen Vorläufer ins Leben gerufen, der sich regelmäßig im Café Museum traf. Auf Hahns Betreiben wurde Moritz Schlick auf eine Philosophie-Lehrkanzel nach Wien berufen. Hahns Schwager Otto Neurath wurde der Organisator des _Vereins Ernst Mach._

Hahn was one of the founders of modern analysis. Early on he developed an interest in philosophy, particularly the foundations of mathematics. In 1909, as a young professor in Czernowitz, he wrote to his friend, the physicist Paul Ehrenfest: "Last year I was almost unfaithful to mathematics, lured by the appeals of – philosophy." But he published his first philosophical essay, Occams Razor, _only twenty years later. "It was Wittgenstein", he wrote, "who recognised the tautological character of logic."_

Hahn became the true founder of the Vienna Circle. In 1905 he had already founded a precursor group, which met regularly in the Café Museum. It was Hahn who secured the appointment of Moritz Schlick to a chair of philosophy in Vienna. Hahn's brother-in-law Otto Neurath organised the Verein Ernst Mach.

Hahns Vater, ursprünglich Musikkritiker, wurde einer der ranghöchsten Beamten der Monarchie. Hahns ältere Schwester Luise (1878–1939) wurde eine bekannte Malerin. Seine jüngere Schwester Olga (1882–1937) studierte Mathematik und verfasste trotz ihrer Erblindung bedeutsame Publikationen zur mathematischen Logik. Olga (rechts) wurde Mitglied des Wiener Kreises. 1934 folgte sie ihrem Mann Otto Neurath in dessen Exil nach Holland.

Hahn's father, originally a music critic, became one of the highest-ranking civil servants of the Austrian monarchy. Hahn's elder sister Luise (1878–1939) became a well-known painter. Hahn's younger sister Olga (1882–1937) studied mathematics. Despite becoming blind, she made valuable contributions to mathematical logic. Olga (right) was a member of the Vienna Circle. In 1934 she followed her husband Otto Neurath into exile in Holland.

Hahn untersuchte raumfüllende Kurven, die er als ein Beispiel verwendete, um vor den Fallstricken der Anschauung zu warnen. »Denn nicht, wie Kant dies wollte, ein reines Erkenntnismittel a priori ist die Anschauung, sondern auf psychischer Trägheit beruhende Macht der Gewöhnung.«

Hahn studied space-filling curves, which he used to point out the pitfalls of intuition. "For intuition is not, as Kant would have it, an a priori means to arrive at knowledge but merely force of habit grounded on psychic inertia."

Karl Popper schrieb 1993: »Meine Hypothese lautet: die wichtigsten Probleme, die in Gödels frühen Arbeiten behandelt werden, hat Gödel zuerst in einer Einführungsvorlesung von Hahn kennen gelernt, die ihn, ähnlich wie mich, begeisterte und die in ihm den Enthusiasmus entzündete, der für eine jahrelange und schwierige kritische Untersuchung unentbehrlich ist.«

In 1993 Karl Popper wrote: "My hypothesis is that Gödel was apprised of the most important problems that he would investigate in his early papers by an introductory lecture by Hahn, which fascinated him, as it has fascinated me, and which aroused the enthusiasm that is essential for years of difficult critical research."

Hahn gehörte zum »Roten Wien«, war Vorsitzender der (damals sehr kleinen) Gruppe der sozialistischen Professoren und aktiv an der Schulreform beteiligt. Nach Hahns Tod 1934 wurde seine Lehrkanzel eingezogen.

Hahn was a mainstay of "Red Vienna", was the leader of the group of socialist professors (then very small) and participated actively in school reforms. After his death in 1934, his chair was eliminated.

Karl Menger und sein Mathematisches Kolloquium –
Karl Menger and his Mathematical Colloquium

Karl Menger (rechts), der nur vier Jahre älter war als Kurt Gödel, spielte eine wichtige Rolle als dessen Freund und Mentor.
Karl Menger (1902–1985) war bereits als Student und später als Professor eine zentrale Figur am Mathematischen Seminar. Menger trug entscheidend dazu bei, dass Wien eine wesentliche Rolle in Topologie, mathematischer Logik und Wirtschaftsmathematik spielte.

Karl Menger (right) played an important role as Kurt Gödel's friend and mentor, although he was only four years older.
Already as a student and later as a professor, Karl Menger (1902–1985) was a focal figure at the Mathematics Institute. Menger was one of the reasons why Vienna played a major role in topology, mathematical logic and mathematical economics.

Karl Menger war der Sohn des weltberühmten Wirtschaftswissenschaftlers Carl Menger (oben), des Begründers der Österreichischen Schule der Nationalökonomie. Als der achtzigjährige Carl Menger starb, bevor er die geplante Neuauflage seiner *Grundsätze der Volkswirtschaftslehre* vollenden konnte, übernahm sein noch nicht zwanzigjähriger Sohn die Aufgabe.

Karl Menger was the son of the famous economist Carl Menger (above), the founder of the 'Austrian School' of economics. When Carl Menger died at eighty years of age without having completed the planned new edition of his Foundations of Economics, *his son finished the job, though he was not yet twenty.*

GRUNDSÄTZE DER
VOLKSWIRTSCHAFTSLEHRE
VON
CARL MENGER

ZWEITE AUFLAGE
MIT EINEM GELEITWORT VON RICHARD SCHÜLLER
AUS DEM NACHLASS HERAUSGEGEBEN VON KARL MENGER

1923
HÖLDER-PICHLER-TEMPSKY A. G.
WIEN / G. FREYTAG G. M. B. H. / LEIPZIG

Arthur Schnitzlers Sohn Heinrich war ein Schulfreund Karl Mengers, dadurch konnte der Gymnasiast Karl sein Drama *Die gottlose Komödie* durch den größten österreichischen Dramatiker begutachten lassen. Schnitzlers Tagebucheintragungen spiegeln eine meteorische Karriere wider:

»2.11.1921 Karl Menger . . . liest mir eine neue Szene zu seinem Stück vor (zwischen Johanna der Päpstin und dem Ketzer). Begabter, vielleicht genialischer Mensch; mit Sonderlings- und größenwahnsinnigen Zügen.«

»17.1.1928 Zu Tisch der junge Menger, der aus Holland wieder zurück; hier auf eine Professur wartet. Er scheint mit seinen 25 Jahren schon europäischen Ruf zu genießen und ich spüre immer sein Genie auf einem mir freilich unzugänglichen Gebiete.«

Der neunzehnjährige Karl Menger erzielte bahnbrechende Entdeckungen zum Dimensionsbegriff. Um seine Tuberkulose auszuheilen, musste er drei Semester im Sanatorium von Aflenz verbringen, wo auch Gödel später weilte. Mit fünfundzwanzig wurde Menger außerordentlicher Professor für Geometrie in Wien.

Karl Menger bewies, dass sich jede Kurve in den dreidimensionalen Raum einbetten lässt, ja dass es in diesem Raum eine ‚universelle' Kurve gibt, die alle anderen enthält.

Karl Popper schrieb später: »Am Institut war auch Karl Menger, mit mir gleichaltrig – aber offenbar ein Genie, voll von neuen und hinreißenden Ideen. Es wäre mir nie eingefallen, dass Menger, nach seiner Professur, mich einladen würde, an seinem Mathematischen Kolloquium teilzunehmen.«

Menger lernte Gödel im Wiener Kreis kennen: »Er sprach fast nie, deutete Zustimmung oder Ablehnung meist nur durch unmerkliches Neigen des Kopfes an.« Auf dem Heimweg nach einer Sitzung sagte Gödel zu Menger: »Je mehr ich über die Sprache nachdenke, desto sonderbarer kommt es mir vor, dass sich die Leute jemals verstehen.«

Menger fiel es schwer, sich in der politisch spannungsreichen Lage auf die Mathematik zu konzentrieren. Er versuchte eine formale Ethik zu entwerfen, die zur traditionellen in demselben Verhältnis stand wie die formale Logik zur traditionellen.

Die Ermordung von Moritz Schlick auf der »Philosophenstiege« der Universität und die anschließenden, oft hämischen Presseberichte verstörten Menger sehr.

1937 nahm er eine Professur an der Notre Dame University in Indiana an und ließ sich an der Wiener Universität beurlauben.

Arthur Schnitzler's son was a school friend of Karl Menger, so that the seventeen-year-old Karl could submit his play The godless comedy *to the greatest Austrian playwright. Schnitzler's diaries reflect a meteoric career:*

"2.11.1921 Karl Menger . . . reads a new scene from his play (between the female pope Joan and the Heretic). Gifted, may be a genius – with traits of eccentricity and megalomania."

"17.1.1928 At table young Menger, back from Holland, waiting for his professorship. Already at twenty-five years he seems to enjoy a reputation throughout Europe, and I always sense his genius although the field is inaccessible to me."

The nineteen-year-old Karl Menger discovered a new approach to the concept of dimension. He fell ill with tuberculosis and had to spend three semesters in the sanatorium of Aflenz (where Kurt Gödel would also stay later). At the age of twenty-five, Menger was appointed associate professor for geometry in Vienna.

Karl Menger proved that every curve can be embedded in three-dimensional space, and indeed that there exists a 'universal curve' containing all the others.

Karl Popper later wrote: "At the Institute, there was Menger, about as old as I was but obviously a genius, filled with new and fascinating ideas. I would never have dreamed that Menger, when he became professor, would invite me to take part in his Mathematical Colloquium."

Menger remarked of Gödel at an early stage: "He almost never spoke and indicated his approval or dissent mostly by a barely perceptible nodding of his head." On the way home after a session, Gödel told Menger: "The more I think about language, the more it amazes me that people ever understand one another."

In Vienna's politically explosive situation, Menger found it hard to concentrate on mathematical questions. He tried to devise a formal system of ethics, which would be to traditional ethics what mathematical logic was to traditional logic.

The murder of Moritz Schlick on the stairs of the University and the invidious press reports deeply perturbed Menger. In 1937 he accepted a position as professor at Notre Dame University in Indiana, while on unpaid leave from Vienna.

23.III.1938

An den Dekan der philosophischen Fakultät
der Universität Wien.

Ich kabelte heute:

"Unterrichtsministerium Wien

Accepted position abroad giving up Viennese professorship

letter follows"

Ich bestätige Ihnen hiemit brieflich, daß ich eine Stellung im Auslande

angenommen habe und meine Wiener Professur aufgebe.

Gez.: Karl Menger

Gleich nach dem »Anschluss« gab Menger der Universität Wien per Telegramm seine Kündigung bekannt, um einer »Versetzung in den Ruhestand« zuvorzukommen. Seine Stelle wurde ihm nie wieder angeboten.

Immediately after the "Anschluss", Menger telegraphed that he was giving up his Viennese professorship to pre-empt his enforced retirement. He was never offered his job again.

Im Frühjahr 1939 kam Kurt Gödel auf ein Gastsemester an Mengers Notre Dame University. Menger war bestürzt, als Gödel darauf bestand, nach Wien zurückzukehren. Später schrieb er in seinen Erinnerungen:
»Doch ich muss gestehen, dass es mir nicht mehr leicht fiel, dieselbe Herzlichkeit wie früher für ihn zu verspüren.«

Menger invited Kurt Gödel as a visiting professor to Notre Dame University. Menger was upset when Gödel insisted on returning to Vienna at the end of the spring term 1939. Later he wrote in his memoirs: "But I must confess it was not easy to find in me all the warmth I used to feel for him."

Franz Alt, Oskar Morgenstern, Abraham Wald

Franz Alt (geboren 1910) studierte bei Karl Menger Mathematik. Nach seiner Emigration in die USA trug er zu den rasanten Entwicklungen bei, die in der Ökonometrie und der Computertechnologie stattfanden.

Franz Alt (born 1910) studied mathematics with Karl Menger. After his emigration to the United States he became closely involved in the rapid developments that were occurring in econometrics and computer technology.

Alt war ein sehr aktives Mitglied des Wiener Mathematischen Kolloquiums, fand aber keine feste Anstellung. Er gab Nachhilfestunden (etwa für Oskar Morgenstern).

Alt was a very active member of the Viennese Mathematical Colloquium but found no fixed job. He had to live by giving lessons (for instance, to Oskar Morgenstern).

Oskar Morgenstern (1902–1976), ein Wiener Wirtschaftswissenschaftler und Direktor des Instituts für Konjunkturforschung, begann sich früh für die Mathematisierung der Wirtschaftswissenschaften zu begeistern, obwohl seine Ausbildung in Mathematik rudimentär war.

Oskar Morgenstern (1902–1976), an economist from Vienna and director of the Institute for Trade Cycle Research, was an enthusiastic supporter of mathematical methods in economics, although his own expertise was limited.

Aus Morgensterns Tagebuch: »Ich lese jetzt R. von Mises ›Positivismus‹. Ich wünschte, ein solches Werk wäre mir 1920 in die Hände gefallen. Was hätte ich mir nicht an Plage erspart … Ich hätte vielleicht Mathematik als Nebenfach studiert und wirklich etwas gelernt.«

From Morgenstern's diary: "I am reading R[ichard] von Mises Positivism. I wish I had come across such a book 20 years ago. I would have been spared so much trouble … May be I would have studied mathematics on the side and really learned something."

Morgensterns Institut für Konjunkturforschung organisierte Kurse über »Mathematik für Nationalökonomen«. Sie wurden von Menger gehalten, und Alt betreute die Übungen. Alt begann sich für wirtschaftstheoretische Fragen zu interessieren. Seine kurze Arbeit zur Nutzenfunktion wurde zu einem Zitationsklassiker, auf den auch heute noch verwiesen wird.

Morgenstern's Institute organised courses on "Mathematics for Economists". They were taught by Menger, and Alt led the recitation classes. Alt began to get interested in economic problems. His short paper on utility functions became a widely cited classic, still quoted even today.

Während seiner Militärdienstzeit in den USA gehörte Alt zum kleinen Kreis der ersten Programmierer für den eben erst in Entwicklung begriffenen ENIAC, einen der ersten Computer. 1970 konnte Alt, als Gründungsmitglied der Epoche machenden ACM (Association for Computing Machinery), bereits über *Die Archäologie des Computers* schreiben.

During his military service in the USA, Alt belonged to the small circle of the programmers for ENIAC, one of the first computers, then under construction. By 1970, Alt, a founding member of the seminal ACM (Association for Computing Machinery), was already able to write on The Archaeology of the Computer.

Abraham Wald (1902–1950) begann erst spät mit dem Mathematikstudium in Wien. Sein etwa gleichaltriger Professor, Karl Menger, beschreibt den Studenten als »klein und schmächtig, offensichtlich arm,
weder jung noch alt aussehend, ein seltsamer Gegensatz zu den leb-
haften Studienanfängern«. Nach drei Semestern promovierte Wald.

*Abraham Wald (1902–1950) started out late studying mathematics
in Vienna. His professor, Menger, who was about the same age, describes him as "small and thin, obviously poor, looking neither young
nor old, a strange contrast to the lively beginners". Wald obtained his
PhD after three semesters.*

[handschriftlicher Tagebucheintrag]

Auch Wald gab Morgenstern Nachhilfestunden.

*Wald also gave lessons to Morgenstern. In Morgenstern's diary we read:
"Again math. lesson. We have reached derivatives already. Wald thinks that within one year I will
be advanced enough to understand almost everything in math. econ. This is how it should be."*

Im Gegensatz zum Wiener Kreis veröffentlichte Karl Menger die Protokolle seines Mathematischen
Kolloquiums. Mitherausgeber der schmalen Bände waren, neben Gödel, auch Nöbeling, Wald und
Alt. Die *Ergebnisse eines Mathematischen Kolloquiums* bilden ein wichtiges Quellwerk für die To-
pologie, die mathematische Logik und die Wirtschaftstheorie. Sie enthalten zahlreiche Arbeiten und
Bemerkungen Gödels.
Abraham Wald veröffentlichte in den *Ergebnissen* grundlegende Arbeiten zum Begriff der Zufalls-
folge und zur Theorie des wirtschaftlichen Gleichgewichts. Dadurch angeregt, publizierte John von
Neumann seine eigene Gleichgewichtstheorie; es war der letzte Beitrag in dieser Zeitschrift, bevor
sie von den Nazis eingestellt wurde. Aus den Arbeiten von Wald und von Neumann entstand die
»general equilibrium theory«, die durch zahlreiche Nobelpreise gewürdigt wurde.

*In contrast to the Vienna Circle, Menger published the proceedings of his Mathematical Colloquium.
Co-editors of the thin booklets were Gödel, Nöbeling, Wald and Alt. The* Proceedings of a Mathematical Colloquium *became an important source in topology, mathematical logic and economics.
They contain many papers and remarks by Gödel.
Abraham Wald published in the Ergebnisse fundamental papers on random sequences and economic equilibria. The latter inspired John von Neumann to publish his own equilibrium theory
there. That was the last paper published in that journal before the Nazis closed it down. The contributions by Wald and von Neumann laid the groundwork for "general equilibrium theory", which
earned many Nobel Prizes.*

In den USA wurde Abraham Wald (rechts, mit Gödel) binnen weniger Jahre zum gefeierten Professor an der Columbia University und zu einem der führenden Vertreter der mathematischen Statistik. Sein Unfalltod im Jahr 1950 traf Gödel schwer.

Within a few years in the USA Abraham Wald became one of the most distinguished professors at Columbia University and a leading representative of mathematical statistics. His death in a plane crash in 1950 deeply affected Gödel.

1938 erfuhr Morgenstern (links, mit Gödel), dass er auf einer schwarzen Liste der Nazis stand: eine Rückkehr nach Wien hätte schlimme Folgen gehabt. Morgenstern wurde bald Professor an der Universität von Princeton. Seine Freundschaft mit Gödel sollte bis zuletzt währen.

In 1938 Morgenstern learned that he had been blacklisted by the Nazis. A return to Vienna was not advisable. He quickly became a professor at Princeton University. His friendship with Gödel was to last to the end.

Olga Taussky

Eine der vielseitigsten und bekanntesten Mathematikerinnen des zwanzigsten Jahrhunderts, Olga Taussky-Todd (1906–1995), hatte in Wien studiert und war ein höchst aktives Mitglied des Mathematischen Kolloquiums. Taussky spezialisierte sich frühzeitig auf Zahlentheorie und dissertierte bei Furtwängler.

One of the most versatile and best-known mathematicians of the twentieth century, Olga Taussky-Todd (1906–1995) had studied in Vienna and was an active member of the Mathematical Colloquium. Taussky specialised in number theory and wrote her PhD with Furtwängler.

Gödel ließ sich nicht ungern mit hübschen jungen Mädchen sehen. Olga Taussky schreib: »Zweifellos hatte Gödel eine Vorliebe fürs andere Geschlecht, und er machte daraus kein Geheimnis.« Gleich nach dem Doktorat erhielt Taussky eine Anstellung in Göttingen, um bei der Herausgabe von Hilberts Gesammelten Werken mitzuarbeiten.

Gödel did not mind being seen in the company of pretty girls. Olga Taussky wrote: "Doubtlessly Gödel had a liking for members of the opposite sex, and he made no secret about this fact." Soon after her doctorate, Taussky worked in Göttingen on editing Hilbert's Collected Works.

Olga Taussky, ganz links, bei einem Mathematik-Kongress

Olga Taussky, far left, at a congress

Bereits 1932 erfuhr die in Wien weilende Olga Taussky, dass von einer Rückkehr nach Göttingen abzuraten sei.

An eine feste Anstellung in Wien war 1933 nicht zu denken. Olgas Gehalt als Assistentin wurde durch eine Reihe öffentlicher Vorträge finanziert. Sie bewarb sich erfolgreich um Stipendien für England und die USA.

In Cambridge lernte Olga ihren späteren Mann John Todd kennen. Während des Krieges wandten sich beide der angewandten Mathematik zu. Das Ehepaar wurde später zu einem der bekanntesten »husband and wife«-Teams der Mathematik.

While on leave in Vienna in 1932, Olga Taussky learned that a return to Göttingen was inadvisable. A permanent position in Vienna was unthinkable. Olga's salary was funded by a series of public lectures. She successfully applied for scholarships to England and the USA.

In Cambridge Olga met her future husband John Todd. During the war both turned to applied mathematics. The couple later became one of the best-known "husband and wife"-teams in mathematics.

Taussky sah Gödel auch nach dem Krieg öfters. Sie hält mit Vergnügen fest, wie ihn seine Frau Adele (links) lobte: » ›Kurtele, wenn ich deinen Vortrag mit den anderen vergleiche, warst du unvergleichlich!‹ – Und Kurt lächelte geschmeichelt.«

Taussky resumed contact with Gödel after the war. She reports fondly how his wife Adele (left) praised him: " 'Kurtele, if I compare your lectures with the others, there is no comparison!' And a flattered smile would appear on his face."

DR. OLGA TODD, A TIMES WOMAN OF THE YEAR, AND HER HUSBAND, DR. JOHN TODD
Times photo by John Malmin

WOMAN OF THE YEAR

Sweet Sum of Success

This is the seventh of nine Times Women of the Year profiles.

By Marvin Miles, Times Aerospace Editor

Few professional worlds are as esoteric as that of Dr. Olga Taussky Todd, Times Woman of the Year for 1963.

Few realms are more abstract than hers. And few women have attained her mastery of a recondite science—mathematics.

Dr. Todd is more than a distinguished mathematician. She is the outstanding woman mathematician today.

Perhaps more important, she is a teacher of mathematics, a research associate with the rank of full professor at Caltech.

In the abstruse, almost occult domain of numbers and symbols Dr. Todd ranges through many corridors totally mysterious to the uninitiated and has won world-wide recognition for her work.

Her research probes many branches of mathematics, from abstract to concrete; in constant quest for concepts and proofs that

Die *Los Angeles Times* kürte die Mathematikerin Olga Taussky zur »Woman of the Year 1963«. Olga Taussky bezeichnete dies als »die einzige Auszeichnung, die bei meinen Kollegen keinen Neid erweckte – denn das waren lauter Männer!«.

The Los Angeles Times *selected Olga Taussky to be "Woman of the Year 1963". Olga Taussky wrote that this was the only award that aroused no jealousy among her colleagues – for they were all men!*

Privatdozenten: Walther Mayer, Leopold Vietoris, Eduard Helly

Der Wiener Mathematiker Walther Mayer (1887–1948) wurde ein Mitarbeiter Einsteins. Mayer war Besitzer eines Wiener Cafés und seit 1926 Privatdozent an der Universität. Gödel hörte bei ihm Vorlesungen über Topologie.

The Viennese mathematician Walther Mayer (1887–1948) became a collaborator of Einstein. Mayer was the owner of a Viennese coffee-house, and since 1926 had been Privatdozent at the University. Gödel took his course on topology.

HAMBURG-AMERIKA LINIE

An Bord *der Deutschland*
den *13. III. 31.*

Herrn Prof. W. Wirtinger, Wien.

Sehr geehrter Herr Kollege!

Ich habe nun ein Jahr lang mit Herrn Dr. Mayer, der an Ihrer Universität Privatdozent ist, zusammen gearbeitet und von seinen Fähigkeiten, seiner Ausdauer und seinem Charakter einen sehr günstigen Eindruck erhalten. Deshalb erachte ich es für meine Pflicht, ihm eine seinen Tätigkeiten entsprechende Stellung zu verschaffen, am liebsten in meiner unmittelbaren Nähe, um auch fernerhin mit ihm zusammen arbeiten zu können.

Diese Bemühungen würden mir sehr erleichtert, wenn Herr Mayer an seiner Universität den Professor-Titel erhielte.

Nach dem was ich von seinen Schriften
näher kennen gelernt habe, wäre eine
derartige Auszeichnung voll gerechtfertigt.
Deshalb wage ich es, hiemit die Bitte
an Sie zu richten, Sie möchten Ihren
Einfluss in diesem Sinne geltend machen.
Ich bin fest überzeugt, dass er auch in
Zukunft seiner Universität, von der er
mit grosser Anhänglichkeit zu sprechen
pflegt, Ehre machen wird.

Indem ich mich darüber freue, Ihnen durch
diese Angelegenheit nach langer Pause wieder
in Beziehung treten zu können, bin ich
mit kollegialen Grüssen

Ihr

A. Einstein
Haberlandstr. 5
Berlin.

In diesem Brief an Wirtinger regt Einstein an, die Universität Wien möge Mayer den Professorentitel verleihen, damit er ihn leichter in seiner »unmittelbaren Nähe« – damit war Berlin gemeint – anstellen könne. Das geschah auch sofort. Doch bald darauf wurde Einstein in Nazi-Deutschland zur persona non grata.

In this letter to Wirtinger, Einstein suggests that the University of Vienna confer upon Mayer the title of professor, so that he could more easily be appointed "in my immediate vicinity" – meaning Berlin. The university promptly obliged but Einstein soon found himself persona non grata in Nazi Germany.

In einem Brief an den Direktor des Institute for Advanced Study, schreibt Mayer weniger als zwei Wochen nach Hitlers Machtergreifung: »In Anbetracht der politischen Situation in Deutschland glaube ich nicht, daß Hr. Einstein dieses Jahr in Caputh bleiben kann ... Ich hätte es lieber, wenn er irgendwo anders hin ginge.«
In Princeton schrieben Einstein und Mayer sechs gemeinsame Arbeiten; doch Mayer fühlte sich manchmal in den Hintergrund gedrängt.

In a letter to the director of the Institute for Advanced Study, Mayer writes less than two weeks after Hitler came to power: "With regard to the political situation in Germany I don't think that Mr. Einstein will stay in Caputh this year ... I would like it better that he should go anywhere else."
In Princeton Einstein and Mayer wrote six joint papers. But Mayer suffered from his second rank position.

Leopold Vietoris (1891–2002) studierte Mathematik in Wien. Er schrieb seine Dissertation in einem italienischen Gefangenenlager und wurde bald darauf Privatdozent an der Wiener Universität. So wie Hans Hahn, Karl Menger und Walther Mayer trug er viel zur Entwicklung der Topologie bei. Die so genannte Mayer–Vietoris-Sequenz wurde ein wichtiges Hilfsmittel beim Studium höherdimensionaler Räume. 1930 folgte Vietoris einem Ruf nach Innsbruck, wo er sich neben der Mathematik auch der Erforschung von Gletschern widmete. Vietoris, der noch als neunzigjähriger Ski fuhr und als hundertjähriger publizierte, wurde mit 111 Jahren der älteste Österreicher.

Leopold Vietoris (1891–2002) studied mathematics in Vienna. He wrote his PhD thesis in an Italian prisoner-of-war camp, and soon after became Privatdozent at the University of Vienna. Like Hans Hahn, Karl Menger and Walther Mayer, he greatly contributed to the development of topology – the Mayer–Vietoris sequence is an essential instrument for the study of higher-dimensional spaces. In 1930 Vietoris became professor in Innsbruck, where he devoted himself not only to mathematics but also to glaciology. Vietoris, who still skied at ninety and published at hundred, reached the record-setting age of 111.

Eduard Helly (1884–1943) zählt zu den Begründern der Funktionalanalysis. Doch seine berufliche Laufbahn war eine Kette von Enttäuschungen. Erst mit 59 Jahren erhielt er eine universitäre Anstellung – wenige Wochen vor seinem Tod.

Eduard Helly (1884–1943) was one of the founders of functional analysis. But his professional career was a series of disappointments.

Über einen Satz aus der Theorie
der linearen
Funktionaloperationen.

Frl. Liesl Bloch
gewidmet von
Eduard Helly

30 · XII · 1911.

Eduard Helly widmete 1911 seine erste Arbeit der 22-jährigen Elise Bloch (unten), die bei Wirtinger Mathematik studierte; erst 1921 konnten die beiden heiraten.

In 1911, Eduard Helly dedicated his first paper to 22-year old Elise Bloch (below), who studied mathematics with Wirtinger. But not until 1921 could the two marry.

1915 geriet Helly in russische Kriegsgefangenschaft. Durch die Wirren der russischen Revolution verzögerte sich seine Rückkehr bis in den November 1920.

In 1915 Helly was taken prisoner by the Russian Army. The civil war after the Russian revolution delayed his return until November 1920.

Helly verkehrte regelmäßig im Café Central, um mit Mathematikern wie Hans Hahn, Literaten wie Hermann Broch und Philosophen wie Philipp Frank zu diskutieren. Obwohl seine wissenschaftlichen Arbeiten und seine Vorlesungen allgemein bewundert wurden, konnte Helly an den österreichischen Universitäten nicht Fuß fassen, sondern bleib – wie Gödel – Privatdozent. Zuerst arbeitete er in einer Bank, die 1929 bankrott ging, dann in einer Versicherung, die 1936 zusammenbrach.

In the Café Central Helly regularly met mathematician Hans Hahn, writer Hermann Broch or philosopher Philipp Frank. Although his papers and lectures were much admired, he found no university position and remained – like Gödel – a Privatdozent. He worked first for a bank that went bankrupt in 1929, then for an insurance company that collapsed in 1936.

179

Nach dem »Anschluß« erhielt Helly eine Arbeitserlaubnis in den USA und konnte mit seiner Frau und seinem Sohn auswandern.

Im Herbst 1943 erhielt der neunundfünfzigjährige Helly endlich eine angemessene Anstellung – eine Professur am Illinois Institute for Technology. Wenige Wochen später starb er an einem Herzschlag. Seine Frau Elise heftete das Kondolenzschreiben der Gödels in das Erinnerungsalbum ihres dreizehnjährigen Sohnes und schrieb dazu »Now all is well, but . . . Papa dies.«

After the Anschluss, Helly managed to obtain a green card and could emigrate, with wife and son, to the USA.

In the fall of 1943 and at the age of ninety-five, Helly finally obtained a university position as professor at the Illinois Institute of Technology. A few weeks later he died of cardiac arrest. His wife Elise put the Gödels' condolence letter into her son's souvenir album, and added the words: "Now all is well . . . but Papa dies."

Princeton, 9 / XII. 1943.

Sehr geehrte gnädige Frau!

Mit tiefstem Bedauern haben wir von dem Tode Ihres lieben Gatten erfahren und erlauben uns unsere wärmste Anteilnahme auszudrücken.

Seien Sie versichert, dass wir den Verstorbenen immer in freundlicher Erinnerung behalten werden.

Ergebenst
Kurt und Adele Gödel

Chicago '43: Now all is well, but...
Papa dies.

Physiker und Philosophen – *Physicists and Philosophers*

Ernst Mach (1832–1916) studierte in Wien und war Professor für Mathematik und Physik in Graz und Prag, bevor er 1895 an eine Lehrkanzel für Philosophie in Wien berufen wurde. Sein metaphysikfeindlicher Positivismus fand großen Widerhall, und regte u. a. Einstein und Lenin an.

Ernst Mach (1832–1916) studied in Vienna and was professor of mathematics and physics in Graz and Prague before being appointed in 1895 to a chair of philosophy in Vienna. His anti-metaphysical positivism attracted much attention and inspired, among others, both Einstein and Lenin.

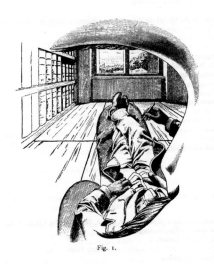

Fig. 1.

Mach sieht sich selbst.

Mach sees himself.

Ludwig Boltzmann (1844–1906) studierte in Wien und war Professor für Mathematik und Physik in Graz, Leipzig, München und Wien, ehe er 1901 auch die Lehrkanzel des erkrankten Mach übernahm. Boltzmann war ein Begründer der statistischen Mechanik und einer der wichtigsten Verfechter von Maxwells Theorie des Elektromagnetismus. 1906 beging er Selbstmord in Duino.

Ludwig Boltzmann (1844–1906) studied in Vienna and was professor of mathematics and physics in Graz, Leipzig, Munich and Vienna. When Mach had to withdraw for health reasons in 1901, Boltzmann took charge of his chair of philosophy. Boltzmann was one of the founders of statistical mechanics and one of the major champions of Maxwell's theory of electromagnetism. In 1906 Boltzmann committed suicide in Duino.

Mach und Boltzmann, dazu noch Einstein, Russell und Poincaré, übten großen Einfluss auf den Wiener Kreis auf. Die Lebensläufe der beiden Gelehrten waren vergleichbar, doch wissenschaftlicher und persönlicher Streit trennte sie. Insbesondere weigerte sich Mach lange, an die Realität von Atomen zu glauben, bis Einstein (der sich als Mach-Jünger empfand) diese aus der Brownschen Bewegung ableitete.

Mach and Boltzmann had a decisive influence on the Vienna Circle. The two had similar life histories, but they were divided by personal and scientific disputes. Mach, in particular, refused for a long time to believe in the reality of atoms, until Einstein (who saw himself as Mach's follower) derived it from Brownian motion.

Philipp Frank (1884–1966), Bruder eines bekannten Architekten, wurde Professor für Physik in Prag, später in Harvard. Er war ein Freund und Biograf Albert Einsteins.

Philipp Frank (1884–1966), the brother of an eminent architect, became professor of physics in Prague and later at Harvard. He was a friend and biographer of Albert Einstein.

Richard von Mises (1883–1953), Bruder eines bekannten Ökonomen, wurde Professor für angewandte Mathematik in Berlin, später in Harvard. Er war Freund und Förderer Robert Musils und verfasste ein *Kleines Lehrbuch des Positivismus.*

Richard von Mises (1883–1953), the brother of an eminent economist, became professor for applied mathematics in Berlin and later at Harvard. He was a friend and supporter of Robert Musil and published a Little Textbook on Positivism.

Moritz Schlick (1882–1936) war geradezu prädestiniert, den Lehrstuhl von Mach und Boltzmann zu übernehmen. Er hatte bei Max Planck studiert und in mathematischer Physik promoviert. Schlicks Habilitation über *Das Wesen der Wahrheit nach der modernen Logik* und seine *Allgemeine Erkenntnislehre*, vor allem aber seine Schriften über die Relativitätstheorie erregten das Interesse von Hans Hahn, dem es bald nach seiner Rückkehr nach Wien gelang, die Berufung Schlicks nach Wien durchzusetzen.

Moritz Schlick (1882–1936), a philosopher from northern Germany, was almost made to measure to fill the chair of Mach and Boltzmann. He had studied with Max Planck and obtained his doctorate in mathematical physics. Schlick's "Habilitation" on The Nature of Truth in Modern Logic, *his General Epistemology and especially his writings on the theory of relativity aroused the interest of Hans Hahn, who soon after his own return persuaded the University of Vienna to appoint Schlick to a vacant chair.*

Der Wiener Kreis war in Wien als der »Schlick-Zirkel« bekannt. Üblicherweise traf sich der Wiener Kreis an jedem zweiten Donnerstag, und zwar in einem kleinen Hörsaal des Mathematischen Seminars.

The Vienna Circle was known in Vienna as the "Schlick Circle". Usually it met on every other Thursday, in a small lecture room of the mathematics institute.

Otto Neurath (1882–1945) war der Sohn des bekannten Wiener Nationalökonomen Wilhelm Neurath. Nach dem Studium der Mathematik und Geschichte in Wien und Berlin wirkte er von 1907 bis 1914 als Lehrer an der Wiener Handelsakademie. Neurath heiratete die blinde Schwester Hahns. 1919 war er Mitglied der kurzlebigen Münchener Räterepublik und wurde später deshalb inhaftiert.

Otto Neurath (1882–1945) was the son of the well-known Viennese economist Wilhelm Neurath. After studying mathematics and history in Vienna and Berlin, he taught from 1907 to 1914 at the Trade School in Vienna. Neurath married Hans Hahn's blind sister. In 1919 he was briefly a member of the Munich soviet republic and was later sentenced to prison for it.

ISOTYPE

International System Of TYpographic Picture Education

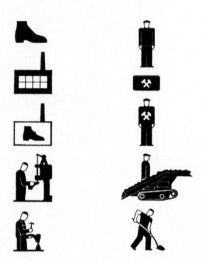

1924–1934 leitete Neurath das Gesellschafts- und Wirtschaftsmuseum in Wien und trug maßgeblich zur Entwicklung der Bildstatistik bei. Neurath war in führender Rolle am Wiener Kreis und dessen öffentlichem Organ, dem Verein Ernst Mach, beteiligt. Nach dem Februaraufstand 1934 kehrte er nicht mehr nach Österreich zurück, wirkte aber als Hauptinitiator der Unity of Science-Bewegung. 1940 musste er von Holland nach England fliehen. In Oxford trat er eine Stelle als Lecturer an.

From 1924 to 1934 Neurath directed the Social and Economic Museum in Vienna and played an important part in developing methods of visualization in statistics. Neurath was a central figure in the Vienna Circle and its extension, the Verein Ernst Mach. He did not return to Austria after the revolt of February 1934 but acted as a driving force behind the Unity of Science movement. In 1940, he had to escape from Holland to England. He became a lecturer at Oxford, where he died in 1945.

Im Wiener Kreis und darüber hinaus – *Within the Circle and beyond*

Rudolf Carnap (1891–1970) wurde 1926 in Wien Privatdozent, später Professor für Philosophie in Prag. 1936 emigrierte Carnap (rechts mit seiner Frau Ines) in die USA, wo er zum bekanntesten Vertreter des Wiener Kreises wurde. Er war Professor in Chicago und Los Angeles sowie Gastprofessor in Harvard und Princeton. In Carnaps Tagebüchern sind zahlreiche Diskussionen mit Gödel aus den Jahren 1929 bis 1933 festgehalten.

Rudolf Carnap (1891–1970) became "Privatdozent" in Vienna in 1926 and later professor of philosophy in Prague. In 1936 Carnap (right with his wife Ines) emigrated to the United States, where he became the best-known representative of the Vienna Circle. He served as a professor in Chicago and Los Angeles and as a visiting professor at Harvard and Princeton.
Between 1929 and 1933 Carnap held many discussions with Gödel, which he recorded in his diaries.

Gustav Bergmann (1906–1987) studierte in Wien und dissertierte 1928 bei Walther Mayer. Er musste 1938 in die USA emigrieren. Bergmann wurde Professor für Philosophie in Iowa, und 1968 Präsident der American Philosophical Association.

Gustav Bergmann (1906–1987) studied in Vienna and wrote his PhD thesis with Walther Mayer. In 1938 he had to emigrate to the USA. Bergmann became professor of philosophy in Iowa, and in 1968 president of the American Philosophical Association.

Herbert Feigl (1902–1988), ein Schüler von Schlick und Studienfreund Gödels, emigrierte bereits 1930 in die USA. Er wurde Professor an den Universitäten von Iowa und Minnesota und Präsident der American Philosophical Association.
Rechts: Feigl flirtet mit Schlicks Tochter.

Herbert Feigl (1902–1988), a student of Schlick and friend of Gödel, emigrated in 1930 to the United States. He became professor at the Universities of Iowa and Minnesota and president of the American Philosophical Association.
Right: Feigl flirting with Schlick's daughter.

Viktor Kraft (1880–1975), Philosoph und Bibliothekar, brachte 1950 das erste Buch über den Wiener Kreis heraus. Nach einer Klage von Schlicks Mörder Nelböck, der sich wieder auf freiem Fuß befand, nahm Kraft den Ausdruck »verfolgungswahnsinnig« zurück.

In 1950 Viktor Kraft (1880–1975), philosopher and librarian, wrote the first book on the Vienna Circle. Schlick's murderer Nelböck, by then released from jail, sued him for using the expression "persecution mania". Kraft withdrew the expression.

Alfred Jules Ayer (1910–1989) schrieb einem Studienaufenthalt in Wien von 1932 bis 1933 das Buch *Language, Truth and Logic*, das viel zur Verbreitung der Ideen des Wiener Kreises beitrug. Ayer wurde Wykeham Professor for Logic in Oxford.

After studying in Vienna in 1932 and 1933, Alfred Jules Ayer (1910–1989) wrote his book Language, Truth and Logic, *which did much to spread the ideas of the Vienna Circle. Ayer became Wykeham Professor for Logic at Oxford.*

Frank Ramsey (1903–1930) übersetzte Wittgensteins *Tractatus* ins Englische und hatte enge Kontakte zum Wiener Kreis. Er hinterließ brillante Beiträge zur Kombinatorik, Wahrscheinlichkeitsrechnung und mathematischen Logik.

Frank Ramsey (1903–1930) translated Wittgenstein's Tractatus *into English and had close contacts with the Vienna Circle. He made brilliant contributions to combinatorics, probability theory and mathematical logic.*

Willard van Orman Quine (1908–2000) hatte nach seinem Studium in Harvard und Cambridge enge Kontakte mit dem Wiener Kreis, mit Carnap in Prag und Tarski in Warschau. Er gründete das *Journal of Symbolic Logic* und wurde als Edgar-Peirce-Professor in Harvard einer der einflussreichsten Philosophen der USA.

Willard van Orman Quine (1908–2000) studied at Harvard and Cambridge and later visited the Vienna Circle, Carnap (in Prague) and Tarski (in Warsaw). He was a founder of the Journal of Symbolic Logic and became, as Edgar Peirce Professor at Harvard, one of the most influential thinkers in the US.

Ludwig Wittgenstein

Ludwig Wittgenstein (1889–1951) war der Sohn eines Stahlindustriellen.
Bei Russell studierte er mathematische Logik. Russell schrieb: »Er war wohl das vollkommenste Exemplar eines Genies in klassischen Sinn, dem ich jemals begegnete.«

Ludwig Wittgenstein (1889–1951) was the son of a wealthy industrialist.
He studied mathematical logic with Russell. As Russell wrote: "He was perhaps the most perfect example I have ever known of genius as traditionally conceived."

Während seines Kriegsdienstes im Ersten Weltkrieg in der k.u.k. Armee schrieb er den *Tractatus logico-philosophicus* (»in der Meinung, damit die philosophischen Probleme im wesentlichen gelöst zu haben«).

Wittgenstein wrote his Tractatus logico-philosophicus *during his war service in the Austrian army ("I am of the opinion that the problems have in essentials been finally solved").*

Nach seiner Entlassung aus italienischer Kriegsgefangenschaft verschenkte Wittgenstein sein riesiges Vermögen, wurde Volksschullehrer in Niederösterreich und zog sich völlig von der Philosophie zurück.

After his release from an Italian prisoner-of-war camp, Wittgenstein gave his huge fortune away, became a teacher in an elementary school in Lower Austria and retired completely from philosophy.

Als Wittgenstein nach Quittierung des Schuldienstes nach Wien zurückkehrte und das Stadtpalais seiner Schwester baute, gestattete er gelegentlich Mitgliedern des Wiener Kreises, ihn zu treffen, doch nur unter der Bedingung, nicht zu philosophieren.
Angeregt durch einen Vortrag des holländischen Mathematikers Brouwer im Wiener Mathematischen Seminar kehrte Wittgenstein 1928 zur Philosophie zurück. Gödel sah bei dieser Gelegenheit Wittgenstein das einzige Mal.

Wittgenstein ging wieder nach Cambridge, wo er Fellow und Professor wurde. Er veröffentlichte nicht mehr, doch aus seinem umfangreichen Nachlass geht hervor, dass er sich intensiv mit Gödels Unvollständigkeitssatz beschäftigte. Er schrieb: »Der Gödelsche Beweis liefert uns den Anstoß, den Blickwinkel zu ändern, unter dem wir die Mathematik sehen.«

Als einige posthume Bemerkungen Wittgensteins über den Unvollständigkeitssatz veröffentlicht wurden, hielt Gödel fest: »Es ist klar, dass Wittgenstein den Satz nicht verstanden hat (oder so tat als verstünde er ihn nicht).«

When Wittgenstein returned to Vienna after leaving his job at school and while building the town house of his sister, he occasionally allowed members of the Vienna Circle to meet with him, on the condition that they not talk philosophy.

Wittgenstein returned to philosophy in 1928 after hearing a lecture by the Dutch mathematician Brouwer at the mathematics institute. That was the only time that Gödel saw Wittgenstein.

Wittgenstein returned to Cambridge, where he became Fellow, then professor. He published no more but it appears from his voluminous unpublished writings that he thought intensely about Gödel's incompleteness theorem. He wrote: "Gödel's proof gives us the stimulus to change the perspective from which we view mathematics."

After the posthumous publication of a few of Wittgenstein's remarks on the incompleteness theorem, Gödel declared: "It is indeed clear that Wittgenstein never understood it (or pretended not to understand it)."

In einer Notiz hält Gödel fest: »Wittgenstein's Ansichten zur Philosophie der Mathematik hatten keinen Einfluß auf mein Werk, und ebensowenig das Interesse des Wiener Kreises, das erst mit Wittgenstein einsetzte [doch eher auf Prof. Hans Hahn zurückging].«

Gödel noted: "Wittg[enstein's] views on the phil[osophy] of math[ematics] had NO inf[luence] on my work ..."

Karl Popper

Karl Popper (1902–1994) studierte in Wien und wurde Hauptschullehrer für Mathematik, Physik und Chemie. 1937 emigrierte er nach Neuseeland und wurde nach dem Krieg Professor an der London School of Economics. Er zählt zu den bekanntesten Philosophen des zwanzigsten Jahrhunderts.

Karl Popper (1902–1994) studied in Vienna and became a school teacher for mathematics, physics and chemistry. In 1937 he emigrated to New Zealand and after the war became professor at the London School of Economics. He ranks among the best-known philosophers of his century.

Karl Popper erinnerte sich wenige Monate vor seinem Tod: »In der Mitte des Winters 1918–1919, vermutlich im Januar oder Februar, betrat ich zum ersten Mal – zögernd und fast zitternd – den heiligen Boden des Mathematischen Instituts der Wiener Universität in der Boltzmanngasse. Ich hatte allen Grund, ängstlich zu sein [der 17jährige Popper hatte keine Matura und kam damals als außerordentlicher Hörer] . . . Das alles änderte sich als ich (nach der Matura) zum ersten Mal die Vorlesung von Hans Hahn besuchte . . . Hahns Vorlesungen waren, zumindest für mich, eine Offenbarung . . . Es war weltumstürzend.«

Popper wurde nie in den Wiener Kreis eingeladen, aber entscheidend von ihm bestimmt. »Wer hat den Logischen Positivismus umgebracht?«, sollte er später fragen. »Ich fürchte, dass ich es gewesen bin.«

Karl Popper recalled a few months before his death: "In the middle of the winter 1918–1919, probably in January or February, I first set foot – hesitatingly and almost shivering – on the sacred ground of the mathematics institute of the University of Vienna in the Boltzmanngasse. I had every reason to be scared [seventeen-year old Popper had not finished school] . . . All this changed when (after finishing school) I first went to a lecture by Hahn . . . Hahn's lectures were, at least for me, a revelation . . . They made a lasting impression on me."

Popper was never invited to the Vienna Circle, but he was decisively influenced by it. "Who killed Logical Positivism?" he would ask later. ". . . I am afraid I did."

In 1928 Popper obtained his PhD at the University of Vienna. He became teacher.

Das Manuskript von Poppers Erstling, *Logik der Forschung*, wurde von Hahn und Schlick sehr geschätzt. 1934 erschien das Buch (nach massiven Kürzungen) in der von Frank und Schlick herausgegebenen Reihe *Schriften zur Wissenschaftlichen Weltauffassung*.

The manuscript of Popper's first book Logik der Forschung *was well received by Hahn and Schlick. It appeared in 1934 (after enormous cuts) in the series* Writings on the Scientific World View, *edited by Frank and Schlick.*

In 1933 Gödel wrote to Menger: "Recently I met a Mister Popper (philosopher), who has written an enormously long work in which, so he claims, all philos[ophical] problems are solved … Do you think he is any good?"

Literatur und Mathematik

Der Wiener Schriftsteller Robert Musil (1880–1942), der so wie Gödel in Brünn aufwuchs, schuf mit seinem unvollendeten Jahrhundertwerk *Der Mann ohne Eigenschaften* einen der bedeutendsten Romane des zwanzigsten Jahrhunderts. Der Mann ohne Eigenschaften war Mathematiker.

The Viennese writer Robert Musil (1889–1942) grew up in Brno, like Gödel. Musil's unfinished novel The Man without Qualities *became one of the major literary works of the twentieth century. The man without qualities was a mathematician.*

Musil hatte Mathematik studiert und bereits 1913 in seinem Essay *Der mathematische Mensch* ein frühes Zeugnis der Grundlagenkrise der Mathematik gegeben: »Plötzlich kamen die Mathematiker – jene, die ganz innen herumgrübelten – darauf, daß etwas in den Grundlagen der ganzen Sache absolut nicht in Ordnung zu bringen sei. Tatsächlich, sie sahen zu unterst nach und fanden, daß das ganze Gebäude (der Mathematik) in der Luft stehe. Man muß daraufhin annehmen, dass unser Dasein bleicher Spuk ist. Wir leben es, aber eigentlich nur auf Grund eines Irrtums, ohne den es nicht entstanden wäre.«

Musil studied mathematics. In his 1913 essay The mathematical person, *he gave an early report on the foundational crisis in mathematics. "Suddenly mathematicians (those working in the innermost region) discovered that something in the foundations could absolutely not be put in order. Indeed, they took a look at the bottom and found that the whole edifice [of mathematics] was standing on air. One has accordingly to assume that our existence is a spooky illusion. We live it but in fact only by an error without which it would not have occurred."*

Erst war für den »Mann ohne Eigenschaften« als Name Anders und als Beruf Philosophiedozent vorgesehen. In einem frühen Entwurf entschied Musil aber: »Aus Anders einen Mathematiker machen«. Später änderte Musil den Namen zu Ulrich. »Von Ulrich lässt sich mit Sicherheit das eine sagen, daß er die Mathematik liebte wegen der Menschen, die sie nicht ausstehen konnten.«
Zitat: »Es gibt heute keine zweite Möglichkeit so phantastischen Gefühls wie die des Mathematikers.«

The "Man without Qualities" was at first meant to be a docent in philosophy with the name of Anders. At an early stage Musil decided: "Turn Anders into a mathematician". Later he changed the name to Ulrich. "One thing can safely be said about Ulrich, that he loved mathematics on account of those people who could not stand it."
"Today there is no other possibility for feelings as fantastic as those of a mathematician."

Einer der bedeutendsten deutschsprachigen Romanciers und Essayisten, Hermann Broch (1886–1951), studierte gemeinsam mit Gödel. Broch schwankte lange zwischen Mathematik und Philosophie. Als Erbe einer Spinnfabrik belegte Broch 1904 bis 1906 Vorlesungen über Mathematik und Physik bei Wirtinger und Boltzmann. »Dort erfuhr ich, bestürzt und enttäuscht, dass ich nicht berechtigt sei, irgendeine all der metaphysischen Fragen zu stellen, mit denen beladen ich gekommen war.«

Hermann Broch (1886–1951), one of the most important novelists and essayists of the German language, studied together with Gödel. Broch hesitated for a long time between mathematics and philosophy. Between 1904 and 1906 Broch attended lectures by Wirtinger and Boltzmann. "This is where I learned, to my consternation and dismay, that I had no right to ask any of the metaphysical questions that weighed on me."

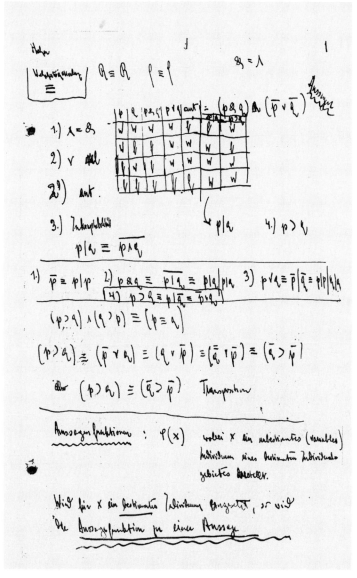

Broch war ein arrivierter Industrieller und Lebemann im vierzigsten Lebensjahr, als er 1925 sein unterbrochenes Mathematikstudium wieder aufnahm. In seinem Nachlass finden sich 30 Hefte mit Vorlesungsmitschriften. Der um 20 Jahre jüngere Gödel hörte dieselben Vorlesungen. Beide kamen über Hahn und Menger in Kontakt zum Wiener Kreis, und beide distanzierten sich schließlich vom wissenschaftlichen Positivismus mit sehr unterschiedlichen Gründen.

Broch was a successful forty-year old industrialist and man about town when, in 1925, he resumed his studies in mathematics. Thirty notebooks filled with his lecture notes were found in his unpublished writings. Gödel, who was his junior by twenty years, heard the same lectures. Both had contacts, via Menger and Hahn, with the Vienna Circle and both finally turned away, although for very different reasons.

1927 trennte sich Broch von seinem Textilunternehmen, um sich ganz der Literatur zuzuwenden. Nach dem Erfolg der Romantrilogie *Die Schlafwandler* schrieb er 1933, innerhalb weniger Monate, den Roman *Die unbekannte Größe*, dessen Hauptgestalt ein junger Mathematiker ist, der davon träumt, eine axiomlose Logik zu finden.

Nach dem »Anschluß« wurde Broch drei Wochen im Gefängnis von Bad Aussee festgehalten. Er emigrierte über Schottland in die USA. Broch lebte von 1942 bis 1949 in Princeton und nahm dort den Kontakt mit Gödel wieder auf.

In 1927 Broch sold his enterprise and turned to literature. After the success of his trilogy The Sleep-walkers, he wrote in 1933 within a few months the novel The Unknown Quantity, whose hero is a young mathematician who dreams of finding a logic without axioms.

After the Anschluss, Broch was held prisoner for three weeks in the jail of Bad Aussee. He emigrated via Scotland to the United States. Broch lived from 1942 to 1949 in Princeton, where he renewed contact with Kurt Gödel.

Den 1929 geborenen Schriftsteller Hans Magnus Enzensberger interessierten Mathematik und Naturwissenschaften schon früh. Sein *Zahlenteufel* (ein Mathematikbuch für Kinder) wurde in zahlreiche Sprachen übersetzt und ein Bestseller.

The German writer Hans Magnus Enzensberger (born 1929 in Kaufbeuren) developed an early interest in mathematics and science. His Number Devil (a mathematics book for children) became a best-seller in many countries.

1957 und 1974 bat Enzensberger Gödel um einen Gesprächstermin. 1957 antwortete Gödel auch zustimmend, schickte aber seine Antwort nicht ab. Erst 2005 erfuhr Enzensberger, dass er Post von Gödel bekommen hatte.

In 1957 and 1974 Enzensberger asked Gödel for an interview. In 1957, Gödel gave a positive reply but did not send it. Only in 2005 did Enzensberger learn that he had mail from Gödel.

THE INSTITUTE FOR ADVANCED STUDY

PRINCETON, NEW JERSEY

April 23, 1957

COPY

Dr. Hans M. Enzensberger
c/o Torretti
652 W. 189th Street
New York 40, N. Y.

Dear Dr. Enzensberger:

I'll be glad to see you in my office at the Institute for Advanced Study and discuss with you questions you may be interested in. I usually am in my office from 11:00 a.m. to 1:00 p.m., Monday through Friday. You may ask for me at the Switchboard in the main building (Fuld Hall). Since, however, it does happen occasionally that I am otherwise engaged during that time, I would suggest that you phone to me beforehand either at the Institute (Princeton 1-4400) or at my home (Princeton 1-0569) or write me a postcard.

Very truly yours,

Kurt Gödel

KGcdu

010553

Hans Magnus Enzensberger   15, Commerce Street
                                New York, N.Y. 1oo14
                                1o October, 1974

Dear Professor Goedel,

in writing this letter, I feel rather ill at ease,
since it might be thought of as an invasion of your
privacy. I am not a mathematician, but a poet, and
thus I cannot even advance sound scientific reasons
for requesting of you an interview. To make matters
worse, I confess to being interested not only in
your work but also in your person, about which the
outside world seems to be strangely ignorant. An
interest of this sort is thought of as rather a
nuisance by many scientists and scholars, as I well
know. I may say, however, that I am not a journalist,
or a gossip-monger. If you could spare me an hour of
yourt time, I would be happy to come down to Princeton
at any time which may be convenient to you. If not,
I would ask you simply to ignore this letter and
not bother to reply, since the idea of molesting
you in any way is quite repugnant to me.

Yours respectfully,

Obwohl es zu keinem Treffen kam, schrieb Enzensberger eine *Hommage à Gödel*.
Although there was no meeting, Enzensberger wrote a poem Hommage à Gödel.

"You can speak in your own language about your own language – but not quite."

196

Anhang – *Appendix*

Gödels Unvollständigkeitssatz ist von so weit reichender Bedeutung, dass viele Autoren sich bemüht haben, ihn auch jenen verständlich zu vermitteln, die keine tiefer gehende mathematische Ausbildung genossen haben. In den Literaturangaben findet man zahlreiche, oft sehr gelungene Darstellungen dieser Art. Im Anhang wollen wir zwei davon nachdrucken, weil sie selbst schon historischen Wert haben. Es handelt sich hier um die zwei ältesten populärwissenschaftlichen Darstellungen des Unvollständigkeitssatzes. Die eine stammt von Kurt Gödel selbst. Noch bevor seine bahn brechende Arbeit erschien, wurde er von den Herausgebern einer philosophischen Zeitschrift um eine Zusammenfassung gebeten. Sie erschien 1931 im zweiten Band der *Erkenntnis*, auf den Seiten 149–151. Die andere Darstellung stammt von Gödels Freund und Mentor Karl Menger. Es ist der Text eines Vortrags, den er 1932 vor großem Publikum an der Universität Wien gehalten hat. Gödel gehörte zu den Zuhörern, und bewahrte seine Eintrittskarte (für einen Stehplatz) Zeit seines Lebens auf.

Gödel's incompleteness theorem is of such far-reaching importance that many authors have tried to convey its meaning to persons who have not enjoyed a higher mathematical training. In the references, we point at many such presentations, of which some have brilliantly succeeded. In this appendix, we reprint two popular texts that are of historical significance: the two earliest presentations of the incompleteness theorem for a general audience. The first one is due to Kurt Gödel himself. The editors of a philosophical journal had asked him for a synopsis of his seminal paper, even before it appeared in print. This synopsis was published in 1931 in the second volume of the journal Erkenntnis, on the pages 149–151. The second paper is due to Gödel's friend and mentor Karl Menger. It is the text of a lecture which he delivered at the University of Vienna to a large audience. Gödel was among those who attended (as a standee), and he kept his ticket for the remainder of his life.

Kurt Gödel
Zusammenfassung

Von den Herausgebern der *Erkenntnis* werde ich aufgefordert, eine Zusammenfassung der Resultate meiner jüngst in den *Monatsheften für Mathematik und Physik 38* erschienenen Abhandlung, »Über formal unentscheidbare Sätze *der Principia mathematica* und verwandter Systeme« [1931] zu geben, die auf der Königsberger Tagung noch nicht vorlag. Es handelt sich in dieser Arbeit um Probleme von zweierlei Art, nämlich 1. um die Frage der Vollständigkeit (Entscheidungsdefinitheit) formaler Systeme der Mathematik, 2. um die Frage der Widerspruchsfreiheitsbeweise für solche Systeme. Ein formales System heißt vollständig, wenn jeder in seinen Symbolen ausdrückbare Satz aus den Axiomen formal entscheidbar ist, d. h. wenn für jeden solchen Satz *A* eine nach den Regeln des Logikkalküls verlaufende endliche Schlusskette existiert, die mit irgendwelchen Axiomen beginnt und mit dem Satz *A* oder dem Satz *non-A* endet. Ein System G heißt vollständig hinsichtlich einer gewissen Klasse von Sätzen $\Re$, wenn wenigstens jeder Satz von $\Re$ aus den Axiomen von G entscheidbar ist. Was in der obigen Arbeit gezeigt wird, ist, dass es kein System mit endlich vielen Axiomen gibt, welches auch nur hinsichtlich der arithmetischen Sätze vollständig wäre [vorausgesetzt, dass keine falschen (d. h. inhaltlich widerlegbaren) arithmetischen Sätze aus den Axiomen des betreffenden Systems beweisbar sind]. Unter »arithmetischen Sätzen« sind dabei diejenigen Sätze zu verstehen, in denen keine anderen Begriffe vorkommen als $+, \cdot, =$ (Addition, Multiplikation, Identität, und zwar bezogen auf natürliche Zahlen), ferner die logischen Verknüpfungen des Aussagenkalküls und schließlich das All- und Existenzzeichen, aber nur bezogen auf Variable, deren Laufbereich die natürlichen Zahlen sind (in arithmetischen Sätzen kommen daher überhaupt keine anderen Variablen vor als solche für natürliche Zahlen). Sogar für Systeme, welche unendlich viele Axiome haben, gibt es immer unentscheidbare arithmetische Sätze, wenn nur die »Axiomenregel« gewissen (sehr allgemeinen) Voraussetzungen genügt. Insbesondere ergibt sich aus dem Gesagten, dass es in allen bekannten formalen Systemen der Mathematik – z. B. *Principia mathematica* (samt Reduzibilitäts-, Auswahl- und Unendlichkeitsaxiom), Zermelo-Fränkelsches und von Neumannsches Axiomensystem der Mengenlehre, formale Systeme der Hilbertschen Schule – unentscheidbare arithmetische Sätze gibt. Bezüglich der Resultate über die Widerspruchsfreiheitsbeweise ist zunächst zu beachten, dass es sich hier um Widerspruchsfreiheit in formalem (Hilbertschen) Sinn handelt, d.h. die Widerspruchsfreiheit wird als rein kombinatorische Eigenschaft gewisser Zeichensysteme und der für sie geltenden »Spielregeln« aufgefasst. Kombinatorische Tatsachen kann man aber in den Symbolen der mathematischen Systeme (etwa der *Principia mathematica*) zum Ausdruck bringen. Daher wird die Aussage, dass ein gewisses formales System G widerspruchsfrei ist, häufig in den Symbolen dieses Systems selbst ausdrückbar sein (insbesondere gilt dies für alle oben angeführten Systeme). Was gezeigt wird, ist nun das folgende: Für alle formalen Systeme, für welche oben die Existenz unentscheidbarer arithmetischer Sätze behauptet wurde, gehört insbesondere die Aussage der Widerspruchsfreiheit des betreffenden Systems zu den in diesem System unentscheidbaren Sätzen. D. h. ein Widerspruchsfreiheitsbeweis für eines dieser Systeme G kann nur mit Hilfe von Schlussweisen geführt werden, die in G selbst nicht formalisiert sind. Für ein System, in dem alle finiten (d. h. intuitionistisch einwandfreien) Beweisformen formalisiert sind, wäre also ein finiter Widerspruchsfreiheitsbeweis, wie ihn die Formalisten suchen, überhaupt unmöglich. Ob eines der bisher aufgestellten Systeme, etwa die *Principia mathematica*, so umfassend ist (bzw. ob es überhaupt ein so umfassendes System gibt), erscheint allerdings fraglich.

Kurt Gödel
Synopsis

The editors of *Erkenntnis* have invited me to give a synopsis of the results of my paper "On formally undecidable propositions of *Principia Mathematica* and related systems" (1931), which has recently appeared in *Monatshefte für Mathematik und Physik 38*, but was not yet available at the Königsberg conference. The paper deals with problems of two kinds, namely: (1) the question of the completeness (decidability) of formal systems of mathematics; (2) the question of consistency proofs for such systems. A formal system is said to be complete if every proposition expressible by means of its symbols is formally decidable from the axioms, that is, if for each such proposition A there exists a finite chain of inferences, proceeding according to the rules of the logical calculus, that begins with some of the axioms and ends with the proposition A or the proposition not-A. A system G is said to be complete with respect to a certain class of propositions $\Re$ if at least every statement of $\Re$ is decidable from the axioms of G. What is shown in the paper cited above is that there is no system with finitely many axioms that is complete even with respect only to arithmetical propositions [under the assumption that no false (that is, contentually refutable) arithmetical propositions are derivable from the axioms of the system in question.]. Here by "arithmetical propositions" one has to understand those propositions in which no notions occur other than $+, \cdot, =$ (addition, multiplication, identity, with respect to the natural numbers), as well as the logical connectives of the propositional calculus and, finally, the universal and existential quantifiers, restricted to variables whose domains are the natural numbers. (In arithmetical propositions, therefore, no variables other than those for natural numbers occur.) Even in systems having infinitely many axioms, there are always undecidable arithmetical propositions, provided the "axiom scheme" satisfies certain (very general) requirements. In particular, it follows from what has been said that there are undecidable arithmetical propositions in all known formal systems of mathematics – for example, *Principia mathematica* (including the axioms of reducibility, choice and infinity), the Zermelo-Fraenkel and von Neumann axiom systems for set theory, and the formal systems of Hilbert's school. Concerning the results on consistency proofs, it has first to be noted that they have to do with consistency in the formal (Hilbertian) sense, i.e. consistency is conceived as a purely combinatorial property of certain systems of signs and the corresponding "rules of the game". Combinatorial facts can, however, be expressed in the symbols of mathematical systems (for example, *Principia mathematica*). Hence the statement that a certain formal system G is consistent will often be expressible in the symbols of that system itself (in particular, this holds for all of the systems mentioned above).

What is shown is the following: For all formal systems for which the existence of undecidable arithmetical propositions was claimed above, the assertion of the consistency of that system itself belongs to the propositions undecidable in that system. That is, a consistency proof for one of these systems G can be carried out only by means of inference that are not formalized in G itself. Thus for a system in which all finitary (i.e. intuitionistically correct) forms of proof are formalized, a finitary consistency proof, such as the formalists are seeking, would be altogether impossible. However, it seems doubtul whether one of the systems hitherto set up, for instance *Principia mathematica*, is so all-embracing (or whether such an all-embracing system exists at all).

Karl Menger
Die neue Logik

In den bisherigen Vorträgen diese Zyklus wurde die Rolle behandelt, welche *Erfahrung* und *Anschauung* in Krise und Neuaufbau der exakten Wissenschaften unserer Zeit spielen [...] Dass nun im Schlussvortrage *die Logik selbst* und mit ihr die Arithmetik im Zusammenhange mit Krise und Neuaufbau behandelt werden soll, dürfte die meisten von Ihnen verwundert haben. Was nämlich die Erfahrung und Anschauung betrifft, so kann auch jemand, dem die Details von Physik und Geometrie nicht geläufig sind, immerhin sich vorstellen, dass neue empirische Entdeckungen alte Theorien, selbst die ehrwürdigsten, umstoßen können und dass eine Intuition, die sich zu weit vorgewagt hat, aus irrtümlich bezogenen Stellungen sich zurückziehen muss. Die Logik aber gilt als etwas Unwandelbares und Unerschütterliches, und dass auch in ihrer Domäne von Krise und Neuaufbau die Rede sein kann, das ist dem nicht völlig Eingeweihten nicht nur unbekannt, sondern unvorstellbar.

Tatsächlich war ja die Logik auch zwei Jahrtausende lang die konservativste aller Wissenschaften. Aristoteles gilt als Vater der Logik. Er geht davon aus, dass jedes Urteil darin besteht, dass von einem Subjekt ein Prädikat ausgesagt wird. Die Urteile zerfallen einerseits in bejahende und verneinende, andererseits in allgemeine und partikuläre. »Alle Katzen sind Säugetiere« ist ein allgemeines bejahendes Urteil. »Einige Säugetiere sind nicht Katzen« ist ein partikuläres verneinendes Urteil. »Keine Katze ist ein Fisch« ist ein allgemeines verneinendes Urteil. Alles Schließen besteht nun nach Aristoteles darin, dass aus zwei Urteilen dieser Form ein drittes hergeleitet wird. Beispielsweise daraus, dass alle Katzen Säugetier sind und dass alle Säugetiere Wirbeltiere sind, folgt, dass alle Katzen Wirbeltiere sind. Daraus, dass alle Katzen Säugetiere sind und kein Säugetier ein Fisch ist, folgt dass keine Katze ein Fisch ist. In drei Figuren mit zusammen 14 Unterarten fasste Aristoteles alle seiner Ansicht nach möglichen Schlüsse zusammen. Im Mittelalter wurden diese »Schlussmodi« auf vier Figuren mit insgesamt 19 Unterarten erweitert und mit den Namen Barbara, Celarent usw. bezeichnet [...]

Auch jene drei Prinzipien, die später als die Grundprinzipien der Logik bezeichnet wurden, die Prinzipien von der Identität, vom Widerspruch und vom ausgeschlossenen Dritten, wurden bereits von Aristoteles formuliert [...]

Den Kern seiner Logik bildete die erwähnte Logik der *Subjekt-Prädikat-Sätze* und das war auch im wesentlichen alles, was zwei Jahrtausende nach Aristoteles als reine Logik angesehen wurde.

Zwar hatten im katholischen Mittelalter die Scholastiker mancherlei tiefsinnige logische Untersuchungen angestellt. Aber in der Neuzeit und insbesondere während der Aufklärungsperiode gewöhnte man sich daran, die logischen Arbeiten der mittelalterlichen Gelehrten als Spitzfindigkeiten zu bezeichnen, während man ihren Inhalt der Vergessenheit anheim fallen ließ und durch minder tiefliegende logische Betrachtungen ersetzte. Und ebenso blieben die Gedanken zur Logik von Leibniz, die ihrer Zeit weit vorauseilten, ohne unmittelbare Wirkung. Leibniz war völlig im klaren darüber, dass die bloße Behandlung von Subjekt-Prädikat-Sätzen unzureichend sei und durch eine Logik der Relationen ergänzt werden müsse. Ferner behandelte er systematischer die logischen Prinzipien und ihre gegenseitigen Beziehungen und entwarf das Projekt einer lingua characteristica, in der alle wissenschaftlichen Sätze in präziser Form ausdrückbar sind, und eines calculus ratiocinator, der alle Schlussarten enthalten und rechnerisch behandeln sollte. Dass aber auch die Ansichten von Leibniz ebenso wie die Arbeiten der Scholastiker ohne Widerhall blieben, geht wohl am deutlichsten aus den berühmten Worten hervor, die Kant in der Einleitung zur zweiten Auflage der »Kritik der reinen Vernunft« über die Logik ausspricht: »Dass die Logik diesen sicheren Gang schon von den ältesten Zeiten her gegangen ist, lässt sich daraus ersehen, dass sie seit dem Aristoteles keinen Schritt rückwärts hat tun dürfen [. . .] Merkwürdig ist noch an ihr, dass sie auch bis jetzt keinen Schritt vorwärts hat tun können, und also allem Ansehen nach abgeschlossen und vollendet zu sein scheint.« Und in Kants Logik heißt es: »Die jetzige Logik schreibt sich her von Aristoteles Analytik [. . .] Übrigens hat die Logik von Aristoteles Zeiten her an Inhalt nicht viel gewonnen und das kann sie ihrer Natur auch nicht [. . .] Denn Aristoteles hat keinen Moment des Verstandes ausgelassen«.

Die Veranlassung zu einer Krise dieser alten Logik ging von der Mathematik aus. Der rein logische Aufbau der Geometrie und später auch der Arithmetik führte nicht nur zu einer vollständigen Registrierung aller verwendeten *mathematischen* Voraussetzungen, sondern brachte es mit sich, dass man auch Klarheit über alle *Prinzipien des Schließens* zu gewinnen suchte, die bei der Ableitung mathematischer Sätze aus den Axiomen zur Anwendungen gelangen. Und da zeigte sich, dass die klassische Logik den Ansprüchen der modernen Mathematik weder hinsichtlich Präzision noch hinsichtlich Vollständigkeit genüge. Mathematiker waren es deshalb vorwiegend, welche den erforderlichen Aufbau der Logik unternahmen und durchführten. [. . .]

Der erste Schritt war die Entwicklung des sogenannten *Klassenkalküls*, auch Algebra der Logik genannt, vor allem durch Boole, Peirce und Schröder in der zweiten Hälfte des vorigen Jahrhunderts. Während die Aristotelische Logik sich, wie wir sahen, vorwiegend mit der Frage beschäftigt: Was können wir, wenn von zwei Klassen (d. h. von zwei Gesamtheiten z. B. von der Klasse aller Katzen und der Klasse aller Wirbeltiere) gewisse Beziehungen zu einer dritten Klasse (z. B. zur Klasse aller Säugetiere) bekannt sind, über das Verhältnis beider Klassen zueinander aussagen? – stellt der Klassenkalkül eine systematische Theorie der Beziehungen von beliebig vielen Klassen dar [. . .] Z. B. können wir die Vereinungs- und Durchschnittsklasse zweier Klassen A und B (d. h. die Klasse aller Elemente, die entweder in A oder in B, bzw. die sowohl in A als auch in B enthalten sind) systematisch behandeln [. . .] Der Klassenkalkül gibt nun ausgehend von einigen wenigen Sätzen eine systematische Behandlung aller Beziehungen zwischen Klassen. Unter seinen Lehrsätzen gibt es 19, welche den Aristotelisch-Scholastischen Schlussarten entsprechen [. . .]

Ein zweiter Schritt führt über den Klassenkalkül hinaus. Dieser Klassenkalkül ist ja eine aus wenigen Ausgangssätzen deduzierte Theorie, welche die Beziehungen von Klassen zum Gegenstand hat, so wie die euklidische Geometrie aus wenigen Ausgangssätzen (Axiomen) deduzierbar ist, welche die Beziehungen von Punkten, Geraden und Ebenen zum Gegenstand haben. Der Klassenkalkül ist also eine spezielle mathematische Theorie. Die ganze Logik zu umfassen, davon ist der Klassenkalkül dagegen weit entfernt. Die Logik erschöpft sich ja keineswegs in Umfangsbetrachtungen hinsichtlich der Klassen. Wenn wir z. B. aus irgendwelchen Aussagen, etwa aus den Axiomen irgendeiner Theorie, weitere Sätze herleiten, so wird eben dieses *Herleiten* als »logisches Schließen« bezeichnet. Der Gegenstand dieses Schließens sind aber nicht Klassen, sondern Aussagen. Und doch ist es die Logik, von der man die Angabe der Regeln des Schließens (des Transformierens und Kombinierens von Aussagen zu neuen Aussagen) erwartet. Der zweite Schritt zum Ausbau der Logistik bestand daher in der vor allem auf Peirce und Schröder zurückgehenden Entwicklung eines *Aussagenkalküls*, welcher lehrt, in welcher Weise Aussagen durch Worte wie »und«, »oder«, »nicht« und ähnliche Partikel verknüpft werden können, um wahre zusammengesetzte Aussagen zu ergeben. Eine besonders wichtige Verknüpfung zweier Aussagen ist die »Implikation«. Wenn p und q zwei Aussagen sind und entweder q oder non-p (d. h. die Negation von p) wahr ist, so wird dies in der Logik kurz durch die Worte »p *impliziert* q« ausgedrückt. Wenn q wahr ist, so ist sicher die Aussage »q oder non-p« wahr, ob p wahr oder falsch ist; eine wahre Aussage q wird also von jeder Aussage impliziert. Wenn p falsch ist, so ist non-p wahr und die Aussage »q oder non-p« ist sicher wahr, ob q wahr oder falsch ist; eine falsche Aussage p impliziert also jede Aussage q [...]

Kehren wir zur Hauptlinie der Entwicklung der Logik zurück, so müssen wir vor allem feststellen, dass die meisten üblichen Aussagen, insbesondere in der Mathematik, außer der Worten »und«, »oder«, »nicht«, »impliziert« noch andere logische Partikel enthalten, vor allem die Worte *»alle«* und *»manche«* oder *»es gibt«.* Die genaue Regeln der Behandlung von Aussagen, welche auch diese sogenannten logischen *Quantifikatoren* enthalten, liefert ein drittes Kapitel der neueren Logik, welches seit Peirce und Frege neben den Klassen- und Aussagekalkül tritt und als *Funktionenkalkül* bezeichnet wird. Der historische Grund für diese Benennung ist der folgende: Neben Aussagen, welche teils wahr sind, wie »diese Tafel ist schwarz«, teils falsch sind, wie »diese Tafel ist rot«, gibt es auch Wortkombinationen, wie »x ist schwarz«, welche keine Aussagen sind, sondern zu Aussagen erst werden, wenn man für die in ihnen auftretende sogenannte Leerstelle x entweder den Namen eines bestimmten Individuums eines gewissen Bereiches einsetzt oder einen Quantifikator davorsetzt, und derartige Wortkombinationen bezeichnet man als *Aussagefunktionen.* Beispielsweise geht die Aussagefunktion »x ist schwarz« in eine wahre Aussage über, wenn ich für x substituiere »diese Tafel«, sie geht in eine falsche Aussage über, wenn ich für x substituiere »diese Kreide«. Sie geht, falls ich als Variabilitätsbereich für x den Bereich aller in diesem Saale befindlichen Dinge wähle, in eine falsche Allaussage über, wenn ich vor x den Quantifikator »alle« setze; denn dann entsteht die falsche Aussage »alle Dinge dieses Saales sind schwarz«. Sie geht endlich, wenn ich vor x den Quantifikator »manche« setze, in die wahre Existenzaussage »manche Dinge dieses Saales sind schwarz« über. Womit man es in der Wissenschaft tatsächlich zu tun hat, das sind teils Aussagen, die von Individuen handeln, teils All- oder Existenzaussagen. Da nun die Regeln des logischen Operierens mit Aussagen der letzteren Art aus einer Theorie der Aussagefunktion hergeleitet worden sind, so bezeichnet man die Lehre von dem Operieren mit All- und Existenzaussagen als Funktionenkalkül.

Während man Klassen- und Aussagenkalkül und die bisher betrachteten Teile des Funktionenkalküls, wenn auch sehr künstlich, als bloße Präzisierungen und Verschärfungen der alten Logik bezeichnen kann, so kommen wir nun zu einem vierten Schritt der neueren Logik, welcher unzweifelhaft eine *inhaltliche Erweiterung* darstellt. Auch zu diesem Schritt lag die Veranlassung in der Mathematik. Denn die Aussagen, die den Gegenstand der Mathematik bilden und zuerst von Peano in einer allgemeinen strengen Symbolik ausgedrückt wurden, sind nur zu einem ganz geringen Teil Sätze über die Zugehörigkeit von Individuen zu gewissen Klassen oder über Umfangsbeziehungen von Klassen oder Aussagen, bestehend aus derartigen Sätzen, die durch die Worte »und«, »oder«, »nicht«, »impliziert«, »alle«, »manche« verknüpft sind. Der Großteil der mathematischen Urteile handelt vielmehr, wie schon Leibniz erkannt hatte, von *Relationen.* Wenn ich sage »3 ist kleiner als 5«, so behaupte ich eine Relation zwischen zwei Zahlen; wenn ich sage »auf einer Geraden liegt der Mittelpunkt jeder Strecke zwischen den Endpunkten der Strecke«, so behaupte ich einen allgemeinen Satz über eine Relation zwischen Punktetripeln der Geraden. Eine für den Mathematiker brauchbare Logik muss also vor allem auch von Relationen handeln. So wie einem *Prädikat* eine *Klasse* entspricht, nämlich die Klasse aller Wesenheiten welchen das betreffende Prädikat zukommt, z. B. dem Prädikat »schwarz« die Klasse aller schwarzen Dinge, so entspricht einer Relation zwischen zwei Wesenheiten, oder, wie man stattdessen sagt, einer *zweistelligen Relation*, eine *Klasse von Paaren* von Dingen, nämlich die Klasse aller jener Paare von Dingen, in welchen das erste Element des Paares zum zweiten in der betreffenden Relation steht. Z. B. entspricht der Relation »kleiner als« die Klasse aller Paare von Zahlen, von denen die erste kleiner als die zweite ist. Die Erweiterung der Logik, welche darin besteht, dass den Subjekt-Prädikat-Sätzen auch Relationssätze an die Seite gestellt werden, lässt sich demnach auch dahin charakterisieren, dass neben Klassen von Individuen auch *Klassen von Individuenpaaren, von Individuentripeln* usw. untersucht werden [. . .]

So außerordentlich groß diese inhaltliche Erweiterung der Logik auch ist, so reicht sie doch noch nicht aus, um alle Schlüsse wiederzugeben, welche in der modernen Mathematik gezogen werden. Um der neuesten Mathematik, insbesondere der Lehre von den reellen Zahlen und der Mengenlehre folgen zu können, musste noch ein *erweiterter Funktionskalkül* geschaffen werden, der sich auch mit *Klassen von beliebigen Klassen von Individuen,* mit *Klassen von Klassen von Klassen* usw. beschäftigt [. . .]

Nach der Ausgestaltung der Logik durch den erweiterten Funktionenkalkül ist, wie Russell es ausdrückt, *die Mathematik ein Teil der Logik* geworden. Diese Aussage stellt nicht etwa eine willkürliche Ausdehnung des Gebrauches des Wortes Logik dar, derart, dass alle Mathematik unter die Logik fällt. Der historische Sachverhalt war vielmehr, wie wir sahen, der folgende: Dadurch, dass man bloß die *Schlüsse verfolgte, welche in der modernen Mathematik gezogen wurden, und dass man diese Schlüsse so behandelte, wie der Aussagenkalkül die primitivsten Schlüsse* (d. h. dadurch, dass man alle diese Schlüsse aus einigen Ausgangsformeln mit Hilfe einiger formelerzeugender Regeln herleitete), gelangte man zu Ausgangsformeln, welche nicht nur gestatten, die mathematischen *Schlüsse* herzuleiten, sondern dazu hinreichen, die *ganze Mathematik selbst* aus ihnen abzuleiten [. . .]

Nach einer zweitausendjährigen Erstarrung hatte also die Logik in den Händen der Mathematiker in weniger als einem halben Jahrhundert einen, wie es schien, vollendeten Neuaufbau erfahren und mit diesem erfreulichen Resultate hätte man etwa um das Jahr 1900 einen Vortrag über Logik schließen können.

Um die Jahrhundertwende kam nun aber völlig unerwartet ein destruktiver Rückschlag schlimmster Art, und zwar war es gerade das neueingeführte unbeschränkte Operieren mit Klassen und Klassen von Klassen, welches zu nichts weniger als zu einer *Paradoxie* führte. Nun ist ein innerer Widerspruch schon für eine Spezialtheorie irgendeiner Einzelwissenschaft unerträglich. Für die Logik aber bedeutet das Auftreten eines Widerspruches in ihrem Aufbau etwas völlig Katastrophales.

Ehe ich die neu entdeckte Paradoxie auseinandersetze, möchte ich erwähnen, dass Paradoxien schon in der antiken Logik aufgetreten waren. Bekannt ist die vom Lügner, auch genannt der Kreterschluss, weil die Kreter als besonders lügenhaft galten. Für logisch paradox hielt man es im Altertum, wenn ein Kreter den Satz ausspricht: »Alle Kreter sind Lügner«. Die beste Form, um die hiebei vorliegende Paradoxie mit moderner Präzision darzustellen, ist wohl die, dass ich auf eine Tafel folgende drei Sätze schreibe:

$$»2 + 2 = 5«$$

$$»4 + 6 = 3«.$$

»Alle auf dieser Tafel befindlichen Sätze sind falsch.«

Weiter schreibe ich nichts auf die Tafel und untersuche nun die drei auf ihr befindlichen Sätze daraufhin, ob sie wahr oder falsch sind. Die beiden ersten sind offenkundig falsch. Vom dritten will ich nun aber beweisen, dass er weder wahr noch falsch ist. Nehmen wir nämlich an, der dritte Satz sei *wahr*, so gilt also, dass alle Sätze auf der Tafel falsch sind, woraus insbesondere folgt, dass der dritte Satz *falsch* ist. Nehmen wir an, der dritte Satz sei *falsch*, so sind, da auch die beiden ersten Sätze falsch sind, alle auf der Tafel befindlichen Sätze falsch, also ist der dritte Satz *wahr*. Aus der Annahme, dass der dritte Satz wahr ist, folgt demnach, dass er falsch ist, und aus der Annahme, dass der dritte Satz falsch ist, folgt dass er wahr ist; m. a. W. für den dritten Satz führt sowohl die Annahme, dass er wahr ist, als auch die Annahme, dass er falsch ist, auf einen Widerspruch, d. h. der dritte Satz ist *weder wahr noch falsch,* was doch paradox ist, da nach dem Prinzip vom ausgeschlossenen Dritten jeder Satz entweder wahr oder falsch ist und ein Drittes ausgeschlossen ist. Allerdings zeigt eine genaue Analyse, dass in dieser Paradoxie die in ihr vorkommenden Worte. »Sätze auf dieser Tafel«, die doch nichtlogischer Natur sind, wesentlich eingehen [...]

Was nun eine schwere Krise der modernen Logik hervorrief, war eine nach verwandten Ergebnissen Burali-Fortis von Russell 1901 entdeckte rein logische Paradoxie (d. h. eine Paradoxie, in welcher lediglich die Begriffe des logischen Funktionenkalküls auftreten, vor allem der Begriff der Klasse). Wenn M die Klasse aller Menschen bezeichnet, so gilt a) jedes Element von M ist ein Mensch, und b) jeder Mensch ist Element von M. Die Klasse M selbst ist kein Mensch (sondern eine Klasse von Menschen) und kommt daher wegen a) unter den Elementen von M nicht vor. Ebenso ist die Klasse aller Dreiecke der Ebene kein Dreieck und kommt daher unter ihren eigenen Elementen nicht vor. Sicher gibt es also, wie diese und viele andere Beispiele zeigen, Klassen, die nicht unter ihren eigenen Elementen vorkommen. Bezeichnen wir dagegen mit N die Klasse aller Nicht-Menschen, so gilt: a) jedes Elemente von N ist ein Nicht-Mensch, und b) was nicht ein Mensch ist, ist Element N. Da N selbst nicht ein Mensch (sondern eine Klasse von Nicht-Menschen) ist, so kommt N wegen b) unter den Elementen von N vor. Ein weiteres Beispiel einer Klasse, die unter ihren eigenen Elementen vorkommt, liefert die Klasse aller Klassen. Bezeichnen wir sie mit K, so gilt: a) jedes Element von K ist eine Klasse, und b) jede Klasse ist Element von K. Da K selbst eine Klasse ist (nämlich die Klasse aller Klassen), so kommt K wegen b) unter den Elementen von K vor. Es sei nun L die Klasse aller Klassen, die nicht unter ihren eigenen Elementen vorkommen. Dann gilt:

(a) Jede Klasse, welche Element von L ist, kommt nicht unter ihren eigenen Elementen vor. (Beispielsweise sind also die erwähnten Klassen N und K nicht Elemente von L).

(b) Jede Klasse, welche nicht unter ihren eigenen Elementen vorkommt, ist Element der Klasse L. (Beispielsweise sind die Klasse M aller Menschen und die Klasse aller Dreiecke Elemente von L.)

Wir wollen nun diese Klasse L daraufhin untersuchen, ob sie unter ihren Elementen vorkommt oder nicht. Ich behaupte erstens: Dass L unter den Elementen von L vorkommt, ist unmöglich. Denn wenn L ein Element der Klasse L wäre, so enthielte ja L als Element eine Klasse, nämlich L, welche unter ihren Elementen vorkommt, während nach (a) jede Klasse, welche Elemente von L ist, unter ihren Elementen nicht vorkommt. Dass L unter den Elementen von L vorkommt, ist also unmöglich. Ich behaupte zweitens: Dass L unter den Elementen von L nicht vorkommt, ist unmöglich. Denn wenn L nicht Element von L wäre, so wäre ja L eine Klasse, die unter ihren Elementen nicht vorkommt und dennoch nicht Element von L wäre, während nach (b) jede Klasse, die unter ihren Elemente nicht enthalten ist, Element von L ist. Dass L unter den Elementen von L nicht vorkommt, ist also unmöglich. Wir haben also bewiesen: Sowohl dass L unter den Elementen von L vorkommt, als auch dass L unter den Elementen von L nicht vorkommt, ist unmöglich. Dies ist paradox. Denn nach dem Prinzip vom ausgeschlossenen Dritten ist jeder Satz entweder wahr oder falsch, während wir vom Satz »L kommt unter den Elementen von L vor« bewiesen haben, dass er weder wahr noch falsch sein kann.

Einen ersten Ausweg aus der Krise, in welche die Logik durch diese rein logische Paradoxie gestürzt wurde, suchte der Entdecker der Paradoxie, Russell. Seine Lösung besteht in folgendem: Vor allem muss den in der Mathematik auftretenden logischen Konstruktionen ein gewisser Ausgangsbereich von Individuen zugrunde gelegt werden. Neben diesen Individuen werden Klassen von Individuen, die aber nicht mit den Individuen selbst verwechselt werden dürfen, betrachtet, ferner Klassen von Klassen solcher Individuen, die als Klassen zweiten Typus bezeichnet werden, und mit den Klassen von Individuen (den sogenannten Klassen des ersten Typus) nicht verwechselt werden dürfen, und allgemein für jede natürliche Zahl n Klassen eines n-ten Typus, wobei alle diese Klassen verschiedener Typen wohl auseinander zuhalten sind und wobei insbesondere, wenn von allen Klassen gesprochen wird, stets angegeben werden muss, ob alle Klassen des ersten, des zweiten oder des n-ten Typus gemeint sind. Eine Klasse, die Klassen verschiedener Typen als Elemente enthält, darf nicht gebildet werden. Die in der obigen Paradoxie vorkommende »Klasse aller Klassen« ist eine bei Beachtung dieser Verbote nicht auftretende Begriffsbildung; sie kommt in der Typenhierarchie nicht vor; ebenso die Klasse aller Klassen, die unter ihren eigenen Elementen nicht vorkommen, so dass diese zu Paradoxien Anlass gebende Begriffsbildung durch die Typentheorie ausgeschaltet wird. Freilich bietet diese Theorie keine Gewähr dafür, dass durch sie etwaige noch unentdeckte Paradoxien anderer Art ausgeschlossen werden. Poincaré hat deshalb in ähnlichem Zusammenhang vom Verhalten eines Hirten gesprochen, der seine Herde vor Wölfen dadurch schützen will, dass er sie mit einem Zaun umgibt, ohne aber sicher zu sein, ob er nicht vielleicht einen Wolf in den Zaun miteingeschlossen hat. Tatsächlich wurde aber bisher bei Einhaltung der Typenregeln keine sonstige Paradoxie entdeckt.

Ein zweiter Weg, welcher nach der Entdeckung der Paradoxien beschritten wurde, ist der *formalistische* oder *metalogische* Weg von Hilbert. Die Grundgedanken dieser Methode kann man in folgende Sätze zusammenfassen: Für jede mathematische oder logische Theorie muss erstens angegeben werden, wie die in ihr auftretenden Grundbegriffe bezeichnet werden und wie die Aussage der Theorie aus diesen Grundzeichen als Zeichenreihen sich aufbauen. Beispielsweise werden im Falle der euklidischen Geometrie in axiomatischer Darstellung die Grundbegriffe, [...] Punkte, Geraden und Ebenen genannt. Eine der Grundrelationen ist die des »Liegens in«. Eine der Regeln, wie sich aus diesen Grundzeichen geometrische Aussagen aufbauen, ist z.B. die, dass überall wo vor den Worten »liegt in« das Zeichen eines Punktes auftritt, nach den Worten »liegt in« das Zeichen einer Geraden oder einer Ebene steht. Es müssen zweitens die Axiome der Theorie formuliert werden, d. h. die gewissen Aussagen entsprechenden Zeichenreihen werden, wie wir dies beim Aussagenkalkül verfolgten, als Ausgangsformeln an die Spitze gestellt. Und drittens müssen die formelerzeugenden Regeln der Theorie angegeben werden, d. h. Rechenregeln, um aus Zeichenreihen, welche Aussagen der Theorie entsprechen, neue Zeichenreihen herzuleiten, deren entsprechende Aussagen in die Theorie aufgenommen werden, wie wir sie beim Aussagekalkül gleichfalls aufzählten. Die Theorie wird dadurch zu einem Kalkül und die Theorie dieses Kalküls heißt die zugehörige *Metatheorie.* Diese Metatheorie beschäftigt sich damit, wie die Sätze der ursprünglichen Theorie miteinander zusammenhängen und auseinander hervorgehen, welche Sätze aus den Axiomen beweisbar oder widerlegbar sind usw. Während in der axiomatischen euklidischen Geometrie z. B. bewiesen (d. h. mit Hilfe der formelerzeugenden Regeln aus den Axiomen hergeleitet) wird, dass die Winkelsumme jedes Dreieckes 180° ist, untersucht die Metageometrie die Frage, welche von den euklidischen Axiomen für die Herleitung dieses Satzes unentbehrlich sind. Metageometrisch ist z.B. die Feststellung, dass das Parallelenaxiom von den übrigen Axiomen unabhängig ist. Von der zu einer Theorie gehörigen Metatheorie wurde nun insbesondere erwartet, dass sie beweisen soll, dass in der Theorie kein Widerspruch auftritt, d. h. dass in der zugehörigen Theorie niemals ein Satz und sein Gegenteil beweisbar ist. Durch metageometrische Überlegungen wird [...] bewiesen: Wenn die euklidische Geometrie widerspruchsfrei ist, so ist auch die nichteuklidische Geometrie widerspruchsfrei. Ferner konnte durch metamathematische Überlegungen gezeigt werden: Wenn die Lehre von den reellen Zahlen widerspruchsfrei ist, so ist die euklidische Geometrie widerspruchsfrei. Nun hoffte Hilbert weiter, in einer Metalogik bzw. Metamathematik die Widerspruchsfreiheit einer auf geeignete Axiome gestützten Logik bzw. Mathematik beweisen zu können und auf diese Art die Logik und Mathematik nicht nur aus der Krise zu befreien, in die sie durch die Entdeckung von Paradoxien gestürzt worden waren, sondern für alle Zeit vor derartigen Krisen zu bewahren durch den bindenden Beweis der Unmöglichkeit irgendwelcher Widersprüche [...]

Wenn es sich nun um die Aufgabe handelt, die Widerspruchsfreiheit einer Theorie durch eine Metatheorie zu beweisen, so muss vor allem Klarheit darüber herrschen, welche Beweismittel für die metatheoretischen Überlegungen zugelassen werden. Ist die Widerspruchsfreiheit irgendeiner geometrischen oder sonstigen speziellen Theorie zu beweisen, so wird man natürlich als metatheoretische Hilfsmittel nötigenfalls die gesamte Logik verwenden, so dass die ganzen Überlegungen darauf hinauslaufen, dass man durch logisches Schließen beweist, dass im System der Aussagen der betreffenden Theorie kein Widerspruch, d. h. keine Aussage zugleich mit ihrem Negat vorkommt. Was soll es aber heißen, die Widerspruchsfreiheit *der Logik selbst* und der in der allgemeinen Logik aufgehenden Mathematik zu beweisen? [...]

Das Ziel ist natürlich, mit einem Minimum von metalogischen Beweismitteln einen möglichst großen Teil der Logik und Mathematik als widerspruchsfrei zu erweisen [...]

Das Programm bestand nun darin, bis zu einem Widerspruchsfreiheitsbeweis für die gesamte Mathematik vorzudringen. Mit Rücksicht auf die Verwendung eines Teiles der Mathematik zu diesem Beweis kann man das schließliche Grundproblem also auch dahin formulieren, *mit einem Teil von Logik und Mathematik die gesamte Logik und Mathematik als widerspruchsfrei zu beweisen.*

Dies war der Stand der Wissenschaft vor ganz kurzer Zeit, bis nämlich im Jahre 1930 eine völlig unerwartete, höchst bedeutsame Entdeckung erfolgte, und zwar durch einen jungen Wiener Mathematiker, Herrn Kurt Gödel. Er löste nämlich das Grundproblem, aber im negativen Sinn, indem er auf metalogischem Wege, und zwar unter bloßer Verwendung der Lehre von den natürlichen Zahlen bewies, *dass man die Widerspruchsfreiheit der Logik und Mathematik mit einem Teil der Logik und Mathematik nicht beweisen kann.* Nun entsteht natürlich sofort die Frage: Liegt das Ergebnis nicht vielleicht an irgendeinem Mangel des Axiomensystems der Logik, nach dessen Korrektur die Logik doch als widerspruchsfrei beweisbar wäre? Dem ist aber nicht so. Gödel hat nämlich folgenden ganz allgemeinen Satz bewiesen: *Für jede formale Theorie, welche die Lehre von* den natürlichen Zahlen umfasst, ist es unmöglich, die Widerspruchsfreiheit mit irgendwelchen Mitteln, die sich innerhalb der Theorie ausdrücken lassen, zu beweisen. Wie immer man also auch das System der Logik modifizieren mag – wofern es nur so umfassend bleibt, dass es zur Begründung der Lehre von den natürlichen Zahlen ausreicht –, so wird es unmöglich bleiben, seine Widerspruchsfreiheit mit Methoden, die sich im System überhaupt ausdrücken lassen, zu beweisen. Nimmt man zu den metalogischen Beweismitteln auch gewisse andere hinzu, die in der als widerspruchsfrei zu erweisenden logisch-mathematischen Theorie *nicht* formulierbar sind, dann kann man die Widerspruchsfreiheit der betreffenden Theorie beweisen, – aber dann sind die Beweismittel umfassender als dasjenige, dessen Widerspruchsfreiheit bewiesen werden soll [. . .]

Was man *mit einem Teil der Mathematik* als widerspruchsfrei beweisen kann, ist vielmehr im allgemeinen nur ein engerer Teil der Mathematik, oder m. a. W. zum Beweise der Widerspruchsfreiheit *eines Teiles der Mathematik braucht man im allgemeinen einen umfassenderen Teil.*

Dieses Resultat ist so grundlegend, dass es mich nicht wundern würde, wenn bald philosophisch orientierte Nichtmathematiker aufträten, welche sagten, dass sie nie etwas anderes vermutet hätten. Denn es sei für den Philosophen doch klar, dass man eine Theorie, in deren Aufbau nicht überflüssige Bestandteile aufgenommen wurden, nicht auf einen ihrer Teile begründen könne u. dgl. Indes stellen derart allgemeine Prinzipien in ihrer Anwendung auf die metalogischen Probleme sich nicht nur als nicht evident, sondern als falsch heraus. Man kann ja z. B., wie erwähnt, aus den Axiomen der Lehre von den reellen Zahlen beweisen, dass aus der Widerspruchsfreiheit der Lehre von den reellen Zahlen die Widerspruchsfreiheit der n-dimensionalen euklidischen und der n-dimensionalen nichteuklidischen Geometrie folgt, obwohl die n-dimensionale Geometrie die gesamte Lehre von reellen Zahlen als Teil, nämlich als den eindimensionalen Spezialfall enthält. Dagegen ergibt sich aus der Gödelschen Untersuchung z. B., dass es unmöglich ist, aus den Axiomen der Lehre von den natürlichen Zahlen (für welche zuerst Peano ein Axiomensystem aufgestellt hat) zu beweisen, dass aus der Widerspruchsfreiheit der Lehre von den natürlichen Zahlen die Widerspruchsfreiheit der Lehre von den reellen Zahlen folgt. Ebenso kann man nicht mit gewissen Teilen der Lehre von den natürlichen Zahlen beweisen, dass aus der Widerspruchsfreiheit dieser Teile die Widerspruchsfreiheit der gesamten Lehre von den natürlichen Zahlen folgt. Aus dieser Gegenüberstellung geht wohl hervor, dass es sich bei der Gödelschen Entdeckung nicht um eine auf Grund allgemeiner Prinzipien evidente Bemerkung, sondern um einen tiefliegenden mathematischen Satz handelt, der eines Beweises fähig und bedürftig ist.

Eine gute Illustration für die Kraft der metamathematischen Methoden gibt nun ein zweiter Teil der Gödelschen Entdeckung. Um Ihnen diese näher auseinander zusetzen, muss ich etwas weiter ausholen. Es war eine der größten Entdeckungen Eulers, dass man Sätze, die von den natürlichen Zahlen $1, 2, 3, 4, \ldots$ handeln, auch mit sogenannten *transzendenten* Hilfsmitteln beweisen könne, d. h. mit Hilfe von Überlegungen, die über die natürlichen Zahlen und das Prinzip von der vollständigen Induktion hinausgehen, indem sie die Begriffe von Grenzwert und Stetigkeit sowie das Operieren mit beliebigen reellen Zahlen und Funktionen verwenden. Beispielsweise ist der von Fermat gefundene und elementar bewiesene Satz, dass jede Primzahl der Form $4n + 1$ auf genau eine Weise als Summe von zwei Quadraten natürlicher Zahlen darstellbar ist, auch mit transzendenten Hilfsmitteln bewiesen worden. So sehr man die Eulersche Entdeckung, aus der sich ein eigener Zweig der Mathematik, die sogenannte *analytische Zahlentheorie,* entwickelte, bewunderte, es bestand doch immer der Glaube, dass alle Sätze über natürliche Zahlen sich auch mit elementaren Mitteln beweisen lassen. Selbst als man elementare Sätze fand, die man bloß mit transzendenten Mitteln zu beweisen in der Lage war, schrieb man dies dem Umstand zu, dass man elementare Beweise dieser Sätze nur bisher noch nicht gefunden habe. Gödel hat nun auf metamathematischem Wege bewiesen, dass sicher Sätze über natürliche Zahlen existieren, die man elementar nicht beweisen kann, sondern zu deren Beweis notwendig transzendente Hilfsmittel herangezogen werden müssen. Wiederum liegt dies nicht etwa in einer Unvollkommenheit unserer speziellen Annahmen über die natürlichen Zahlen, sondern es gilt allgemein das Theorem: *In jeder die gesamte Lehre von den natürlichen Zahlen umfassenden formalen Theorie existieren Probleme, die innerhalb der betreffenden Theorie nicht entscheidbar sind.* So wie es Sätze über natürliche Zahlen gibt, die nur mit Hilfsmitteln aus der Lehre von den reellen Zahlen beweisbar sind, so gibt es Sätze über reelle Zahlen, die nur mit Hilfsmitteln aus der Lehre von den Mengen reeller Zahlen beweisbar sind, und es gibt Probleme über Mengen reeller Zahlen, welche nur durch Annahmen über Mengen höherer Mächtigkeiten entscheidbar werden. Ja sogar auf *natürliche* Zahlen bezügliche unentscheidbare Sätze gibt es in jeder die ganze Lehre von den natürlichen Zahlen umfassenden formalen Theorie. Mit anderen Worten: Eine universale Logik, welche aus einigen Prinzipien heraus für alle denkbaren Fragen eine Entscheidung bringt, wovon Leibniz geträumt hat, kann es nicht geben.

Da die Metamathematik weder imstande ist, die Widerspruchsfreiheit der Mathematik zu beweisen, noch in der Lage ist, Entscheidungsverfahren für alle Probleme zu liefern, so könnte man vielleicht meinen, die metamathematische Methode habe sich nicht bewährt. Das wäre jedoch ein Irrtum. Denn abgesehen von den an sich bedeutungsvollen Ergebnissen der Metamathematik war es ja gerade die von Hilbert geschaffene metamathematische Betrachtungsweise, welche Gödel bei seinen grundlegenden Entdeckungen verwendet hat. Im Gegenteil, es hat sich die Metamathematik bisher als der einzige Weg zu tieferliegenden Einsichten und Erkenntnissen über die Grundlagen von Logik und Mathematik bewährt, wenngleich diese Einsichten teilweise in der Zerstörung von Illusionen bestehen. [. . .]

Nachdem Sie nun gehört haben, dass Logik und Mathematik nicht unwandelbar und unerschütterlich sind, [. . .] – so werden Sie wohl fragen, als was Logik und Mathematik aus all diesen Wechselfällen hervorgehen. Was für den Mathematiker von Interesse ist und *was er tut,* das ist ausschließlich *die Herleitung von Aussagen mit Hilfe gewisser aufzuzählender (in verschiedener Weise wählbarer) Methoden aus gewissen aufzuzählenden (in verschiedener Weise wählbaren) Aussagen,* wobei die Logik die Formulierung von allgemeinen Herleitungsregeln und deren erste Entwicklung unternimmt – und meiner Meinung nach besteht alles, was Mathematik und Logik über diese, einer »Begründung« weder fähige noch bedürftige Tätigkeit des Mathematikers aussagen können, in dieser simplen Tatsachenfeststellung; welche Ausgangssätze und Herleitungsmethoden der Mathematiker und Logiker wählt, wie sie sich zur sogenannten Wirklichkeit und zu Evidenzerlebnissen verhalten usw., – diese Fragen gehören anderen, minder exakten Wissenschaften an. Vor dem Auftreten von Widersprüchen ist der Mathematiker im allgemeinen nicht gefeit. Ob er den Wolf des Poincaréschen Vergleiches nicht in den Zaun mit der Herde eingeschlossen hat, weiß er nicht. Aber dass Poincaré aus seinem Vergleich der Mathematik einen Vorwurf drechselt, beruht ja lediglich darauf, dass er von der Mathematik eine nicht nur graduell, sondern essentiell größere Sicherheit verlangt, als von allen anderen menschlichen Tätigkeiten. Denn wenn ein Hirt einen Zaun um seine Herde errichtet, so ist er ja tatsächlich nicht absolut sicher, ob nicht ein Wolf innerhalb des Zaunes sich irgendwo befindet. Er blickt zwar nach Wölfen aus, aber ein Wolf kann irgendwo versteckt sein und erst später plötzlich auftauchen [. . .]

Und wenn wir auch vor dem Auftreten von Widersprüchen in der Mathematik nicht logisch gesichert sind, so haben gerade die letzten Jahre den höchsten Teilen der Mathematik eine Entfaltung gebracht, die insbesondere diejenigen, welche die tiefsten logischen Zusammenhänge durchblicken, mit Bewunderung erfüllt.

Wenn wir also heute dem berühmten Hirtengleichnis Poincarés ein anderes Bild gegenüberstellen, so muss dasselbe zwar hinsichtlich der Ansprüche an die Mathematik angesichts der Erkenntnisse der neuen Logik bescheidener sein und doch angesichts der gewaltigen Erfolge der letzten Jahre im Aufbau und in der Ausgestaltung der höchsten Teile der Mathematik ohne Pessimismus. Ich würde sagen: Die Mathematiker sind wie Menschen, die Häuser bauen, – Häuser, die zu bewohnen nicht nur an sich Vergnügen bereitet, sondern auch zu vielem befähigt, was einem Höhlenbewohner nie gelingen kann, – wie Menschen, die bauen, obwohl sie nicht sicher sind, dass nicht eines Tages ein Erdbeben Häuser zerstören wird. Wenn ein Erdbeben Häuser zerstören sollte, so wird man neue bauen, womöglich solche, die erdbebenbeständiger scheinen. Aber mit Rücksicht auf möglich Erdbeben auf das Bauen von Häusern mit allen ihren Bequemlichkeiten zu verzichten – dazu werden sich die Menschen auf Dauer nicht entschließen, um so weniger, als ein absoluter Schutz gegen die Wirkungen von Erdbeben auch durch das unbequeme Leben in Höhlen nicht geboten wird. So scheint es mir auch um die klassische Mathematik zu stehen. Sie gewährt nicht nur an sich Genuss, sondern leistet mehr. Gesichert gegen das Erdbeben eines Widerspruches freilich ist sie nicht. Aber man wird deshalb doch nicht aufhören, ihre Gebäude auszubauen und neue zu errichten.

Mengers Text erschien 1932 in Krise und Neuaufbau in den exakten Naturwissenschaften, Fünf Wiener Vorträge, Leipzig und Wien (Herausgeber Karl Menger).

Karl Menger
The New Logic

That the exact sciences are subject to crises and reconstruction and that even geometry has undergone changes is widely known. Moreover, as far as experience and intuition are concerned, anyone, even though he be unfamiliar with the details, can well understand that new empirical discoveries may overthrow the most venerable of ancient theories, and that intuition, if it ventures too far afield, may be forced to retire from positions erroneously occupied. One subject, however, is generally supposed to be unchanging and unshakable. That subject is logic. Hence, to anyone who is not an adept in the field, a discussion of crisis and reconstruction in connection with logic may seem not only strange but incomprehensible.

As a matter of fact, for two thousand years, logic has been the most conservative of all the branches of knowledge. Aristotle, who considered the father of the subject, assumes as a starting point that every proposition ascribes a predicate to some subject. The propositions are classified on the one hand as affirmative or negative, on the other hand as universal or particular. "All cats are mammals" is universal and affirmative; "Some mammals are cats" is particular and affirmative; "Some mammals are not cats" is particular and negative; "No cat is a fish" is universal and negative. According to Aristotle, all inference consists in deriving a third proposition from two propositions of the given form. For example, from the premises that all cats are mammals and all mammals are vertebrates, it follows that all cats are vertebrates. From the premises that all cats are mammals and no mammal is a fish, it follows that no cat is a fish. All the inferences which Aristotle considered possible he arranged in three figures divided into altogether fourteen varieties. In the Middle Ages, these modes of inference were expanded to four figures including altogether nineteen varieties, and were designated by the names Barbara, Celarent, etc. [...] The three principles of identity, contradiction and excluded middle, which were later called the fundamental principles of logic, were also formulated by Aristotle [...] The kernel of his logic, the above mentioned theory of subject-predicate propositions, was essentially all that was regarded as pure logic for two thousand years thereafter.

In the Middle Ages, it is true, the scholastics undertook a number of important logical investigations. But during the Enlightenment, it became customary to regard the logical work of the medieval scholars as hairsplitting while their results fell into oblivion and were replaced by less fundamental considerations. Similarly, Leibniz's views on logic, which were far in advance of their time, also remained without direct effect. It was perfectly clear to Leibniz that a mere treatment of subject-predicate propositions was inadequate and must be supplemented by a logic of relations. Furthermore, he treated the logical principles and their mutual relations more systematically than his predecessors, and devised the project of a *lingua characteristica,* which should permit all scientific propositions to be stated in precise from, and of a *calculus ratiocinator,* which should contain and treat by computations all the methods of inference. But the clearest evidence that Leibniz's views, like the works of the scholastics, found no echo, is the famous dictum of Kant in the introduction to the second edition of the *Critique of Pure Reason* (1787) "That logic has trodden this sure path since the earliest times, can be seen from the fact that, since Aristotle, it has not been obliged to take a single backward step ... A further noteworthy fact is that until the present it has been able to take no step forward, and so seems apparently to be finished and complete." And in Kant's *Logic* occurs the statement

"The logic of to-day is derived from Aristotle's Analytics [. . .] Moreover, since Aristotle's time, logic has not gained much in content, and from its very nature it cannot [. . .] For Aristotle omitted no item of reason."

A crisis in the old logic was brought about by mathematics, When confidence in geometrical intuition had been shaken, a purely logical reconstruction of geometry (and later of arithmetic) began with a complete enumeration of all *mathematical hypotheses* from which the whole system of theorems was deduced by strictly logical methods. But this trend in mathematics naturally also carried with it a search for clarity in regard to all *principles of inference* used in the deduction of mathematical propositions from axioms. And in the course of this search, it became evident that the old logic was inadequate for the demands of modern mathematics in both precision and completeness. It was therefore chiefly mathematicians who undertook and carried out the necessary reconstruction of logic [. . .]

The *first* step in the reconstruction of logic was the development of the so-called *calculus of classes* (also called algebra of logic) particularly by Boole, Peirce and Schröder in the second half of the nineteenth century. The Aristotelian logic, as stated, deals mostly with the question: If the relations of two classes to a third class are known, what can be said about the relations of the two classes to each other? The calculus of classes systematically studies the relations of any number of classes. For example, it treats systematically of the join and intersection of two classes A and B – the class of all elements in either A or B, and the class of those in both A and B, respectively [. . .] The calculus of classes, starting from a certain few propositions, gives a systematic treatment of all relations between classes. Among its theorems, there are nineteen which correspond to the Aristotelian-Scholastic modes of inference [. . .]

A *second* step leads further. The calculus of classes is a theory deduced from a few initial propositions concerning the relations of classes, just as Euclidean geometry is deduced from a few initial propositions (axioms or postulates) concerning the relations of points, lines, and planes. The calculus of classes is thus a special mathematical theory; it is, however, far from containing the whole of logic, for logic does not confine itself to the considerations of classes. If for example, propositions are derived from any set of propositions, this derivation is called logical inference. The subject matter of this inference is, however, not classes but propositions. And yet logic is expected to deal with the rules of inference (the rules of transforming and combining propositions so as to yield new propositions). The second step in the expansion of logistics, which goes back principally to Peirce and Schröder, was therefore the development of a *calculus of propositions.* This calculus studies how propositions are combined by words like "and", "or", "not" and similar particles. If p and q are two propositions, then a compound of particular importance is "q or not p", which is briefly expressed in logic by the words "p implies q" or "q is implied by p". If q is true, then the proposition "q or not p" is surely true, whether p is true or false. A true proposition q is therefore implied by every proposition. If p is false, then *not-p* is true, and the proposition "q or not p" is surely true whether q is true of false [. . .]

But most common propositions, particularly those of mathematics, besides employing such words as "and", "or, "not" and "implies," contain other logical particles, especially "all" and "some" or "there are". The exact rules for dealing with propositions containing these so-called logical quantifiers form *a third* chapter of the newer logic which, since the work of Peirce and Frege, has taken its place beside the calculi of classes and of propositions; it is called the *calculus of functions.* The historical origin of this name is as follows. Besides propositions, some of which are true like "This charcoal is black", and some of which are false like "This charcoal is red", there are also word combinations like "*x* is black" which are not propositions, but which become propositions when the name of a definite individual within a certain field is used to replace the symbol *x*, or when the combination is preceded by a quantifier. Such word combinations are called propositional functions. For example, the propositional function "*x* is black" becomes a true proposition if "this charcoal" is substituted for *x*. It becomes a false proposition if "this lime" is substituted for *x*. When mankind is chosen as the range of *x*, the proposition becomes false if the quantifier "all" is placed before *x*, for then it becomes the false (universal) proposition "All men are black". Finally, if the quantifier "some", is placed before *x*, the proposition becomes the true (existential) proposition "some men are black" or "there exist black men". Since the rules for logical operations on universal and existential proposition are derived from the theory of propositional functions, the study of operations with such propositions is called the calculus of functions.

The calculi of classes and of propositions together with the hitherto considered portions of the calculus of functions may be interpreted as mere refinements of the old logic – if the word "refinement" is used in a very broad sense. But the *fourth* step in the development of the new logic is undoubtedly an extension of the content of the subject. The impetus to this step also came from mathematics; for the propositions which are the subject of mathematics, and which were first expressed by Peano in a general and rigorous symbolism, are only rarely statements about the membership of individuals in classes or about inclusions between classes. Neither are they often compounds of statements about classes connected by the words "and", "or", "not", "implies," "all" or "some". Most mathematical propositions deal rather with *relations,* as Leibniz already recognized. The proposition "3 is less than 5" states a relation between two numbers; the proposition "If, on a straight line, the point *q* lies between the points *p* and *r*, then *r* does not lie between *p* and *q*" is a general statement about a relation between the members of triples of points on straight lines. A logic useful to mathematicians must above all treat of relations.

What corresponds to a predicate is a class, namely the class of all those things which have that predicate. For instance, the class of all black things corresponds to the predicate "black". What corresponds to a relation between two things (called a dyadic relation) is a class of pairs of things, namely the class of all those pairs of things in which the first member of the pair has the given relation to the second. For example, the class of all pairs in which the first member is less than the second corresponds to the dyadic relation "less than". The extension of logic which treats propositions on dyadic, triadic, [...] relationships along with subject-predicate propositions can thus be characterized by the fact that besides classes of individuals it investigates classes of pairs of individuals, classes of triples of individuals [...]

Although logic is thus greatly increased in content, it is still inadequate to account for all the conclusions drawn in modern mathematics. In order to express the newer mathematics, particularly the theories of real numbers and of sets, a *fifth* step had to be taken. It was necessary to create an *expanded calculus of functions* dealing with classes of all sorts of classes of individuals, with classes of classes of classes and so on [...]

In the words of Russell, after logic has been widened so as to include the expanded calculus of functions, *mathematics becomes part of logic.* This assertion is not by any means an arbitrary extension of the word logic to include all of mathematics. The historical development has above been described. All the conclusions drawn by modern mathematics were treated just as the most primitive conclusions were treated in the calculus of propositions. In order words, all these conclusions were derived from certain initial formulae with the help of certain formative rules. Thus there were obtained initial formulae which not only permit the derivation of the mathematical modes of inference but also suffice to derive all mathematics.

[...] After two thousand years of petrifaction, logic had, in less than half a century, been entirely reconstructed by the mathematicians; and in the year 1900 a lecture on logic might have terminated with this happy result.

About the turn of the century, however, there came an entirely unexpected repercussion of the worst kind. The newly introduced unlimited operations with classes and classes of classes led to nothing less than an *antinomy*. Now an inner contradiction is unbearable even in the special theory of a particular domain of knowledge. For logic, however, the appearance of a contradiction in its structure is catastrophic.

Before explaining the newly discovered antinomy, it should be mentioned that paradoxes had appeared even in ancient logic. The one about the liar is well known. It was also called the paradox of the Cretan, because the Cretans were supposed to be particularly mendacious. In ancient times, the statement "All Cretans are liars" in the mouth of a Cretan was regarded as a logical paradox. The best way to illustrate this sort of paradox with modern precision is to write on a board the following statement: "The statement of this board is false". Nothing further is written on the board, and the given statement is examined to see whether it is true of false. It will be proved to be neither. Assuming that the statement is true, it follows that the statement on the board is false, in contradiction with the assumption that it is true. Assuming that the statement is false, since this is precisely the statement on the board, it follows that the statement on the board is true, in contradiction with the assumption that it is false. Thus the assumption that the statement is false leads to the conclusion that it is true; and the assumption that the statement is true leads to the conclusion that it is false. In other words, the assumption of either truth or falsehood for the statement leads to a contradiction. Hence, the statement is neither true nor false, which is of course paradoxical, for, according to the principle of the excluded middle, every statement is either true or false, and any third possibility is excluded.

Precise analysis shows, however, that the words "statement on this board" play an essential role in the paradox in which they appear; and these words are not of a logical nature [...]

What brought on the severe crisis in logics was Russell's discovery in 1901 (following some related results obtained by Burali-Forti) of a *purely logical antinomy*, that is, an antinomy in which appear only the concepts of the logical calculus of functions, particularly the concept of class.

If M is the class of all men, then

(a) Every member of M is a man.
(b) Every man is a member of M.

The *class* M itself is not a man but a class of men, and therefore, according to (a) does not occur among the members of M. Similarly the class of all triangles in a plane is not a triangle and therefore does not appear among its own members. As these and many other examples show, there certainly exist classes which do not occur among their own members. On the other hand, if N is the class of all non-men, then

(a) Every member of N is not a man.
(b) Everything that is not a man is a member of N.

As N itself is not a man but a class of non-men, according to (b) N occurs among the members of N. Another example of a class which occurs among its own members is the class of all classes. If this class is called K, then

(a) Every member of K is a class.
(b) Every class is a member of K.

As K itself is a class (namely the class of all classes), according to (b), K occurs among the members of K.

Now let L be the class of all classes which do not occur among their own members. Then

(a) Every class which is a member of L does not occur among its own member. (For example, the classes K and N just mentioned are not members of L.)
(b) Every class which does not occur among its own members is a member of L. (For example, the class of all men and the class of all triangles in a plane are members of L.)

The question at issue is whether or not the class L occurs among its own members. First: It is impossible for L to be a member of L. For if L were a member of the class L, then L would contain as a member a class (namely L) which occurred among its own members, whereas according to (a) every class which is a member of L does not occur among its own members. Second: It is impossible for L not to be a member of L. For if L were not a member of L, then L would be a class which did not occur among its own members and still was not a member of L, whereas according to (b) every class which does not occur among its own members is a member of L. Hence it is impossible for L to be a member of L, and it is impossible for L not to be a member of L. This, however, is an antinomy, for, according to the principle of the excluded middle, every proposition is either true or false and, as has been shown, the proposition "L is a member of L" is neither true nor false [. . .]

The first means of surmounting the crisis was found by Russell, the discoverer of the purely logical antinomy. His solution is as follows: Every logical construction which occurs in mathematics must have as a starting point a certain field of individuals. Besides these individuals, there come under consideration classes of individuals, which must not be confused with the individuals themselves. Furthermore, there are classes of classes of such individuals (called classes of the second type) which are not to be confused with classes of individuals (called classes of the first type). More generally, for every natural number n, there are classes of the n-th type, and all these classes of different type must be carefully distinguished. Particularly, in speaking of all classes, it must always be indicated whether all classes of the first, second or n-th type are meant. A class which contains as members classes of different types must not be formed. The class of all classes mentioned above is a concept which cannot occur if this prohibition is respected. It does not belong in the hierarchy of all types. The class of all classes which do not occur among their own members is similarly forbidden and so this concept which opens the door to antinomies is excluded by type theory.

As a matter of fact, up to now, no antinomies have been discovered which are not excluded if the rules of type theory are observed. But [...] it gives no assurance that all possible but still undiscovered antinomies are excluded by it. For this reason, Poincaré, under similar circumstances, spoke of a shepherd who, to protect his flock from wolves, built a fence around it without, however, being sure that he had not enclosed a wolf within the fence.

A *second* program that has been followed since the discovery of the antinomies consists in the development of the formalistic or metamathematical method of Hilbert. The thought underlying this method may be condensed as follows: For every mathematical or logical theory, it must first be stated how the undefined fundamental concepts of the theory are symbolized, and how the propositions of the theory are constructed as strings of these fundamental symbols. For instance, in an axiomatic theory of the Euclidean space, the fundamental concepts are called points, lines and planes. One of fundamental relations is that of *lying on*. One of the rules by which geometric propositions are built up from these fundamental symbols is that, wherever the symbol for a point precedes the words "lies on", the symbol for a line or a plane must follow. Secondly, the axioms of the theory must be formulated; that is, the strings of symbols corresponding to certain propositions are set down as initial formulae. And lastly, there must be given the formative rules whereby any strings of symbols corresponding to propositions of the theory can be combined and transformed into new strings such that the corresponding propositions are included in the theory. In the axiomatic of the calculus of propositions there are three such formulae and two such rules.

Thus the theory becomes a calculus, and the theory of this calculus is called the *metatheory* belonging to the original theory. This metatheory deals with the way in which the propositions of the original theory are connected and how they may be derived from one another, and it considers what propositions can be proved or refuted from the axioms. In the axiomatic Euclidean geometry, it is proved, for example, that the sum of the angles in any triangle is equal to 180°; that is, this theorem is deduced from the axioms with the help of the formative rules. Metageometry investigates the question which of the Euclidean axioms are necessary for the deduction of this theorem. The proof that the axiom of parallels is independent of the other axioms is metageometrical.

The metatheory belonging to a given theory is above all expected to prove that the theory contains no contradiction – in other words that, in the theory in question, it is never possible to prove an assertion and its negative. By metageometrical considerations it is proved that, if Euclidean geometry is free from contradiction, then non-Euclidean geometry is also free; and if the theory of real numbers is free from contradiction, then Euclidean geometry is likewise. Now Hilbert intended to prove by metalogic or metamathematics that a logic or mathematics founded on suitable axioms is free from contradiction. In this way he hoped not only to get logic and mathematics over the crisis caused by the actual discovery of the antinomies, but also to make these subjects secure for all time by the valid proof that within them any sort of contradiction is impossible [...]

If the problem at hand is to prove by a metatheory that a certain theory contains no contradiction, it must above all be clear what means of proof are permitted for the metatheoretical considerations. If any geometrical or other special theory is to be proved free from contradiction, all of logic can, if necessary, be used as a metatheoretical tool, so that the upshot of the whole argument is a proof by logical inference that, in the system of propositions of the theory in question, there is not contradiction – no assertion appears with its negative. What is meant, however, by a proof that logic itself and the mathematics involved in general logic are selfconsistent, i.e., free from contradiction? The object is naturally to prove self-consistency for as large as possible of logic and mathematics by the use of a minimum of metalogical methods of proof [...]

The program was to push forward to a proof of self-consistency for all of mathematics. Considering that a portion of mathematics is to be used in this proof, the fundamental problem may be formulated as follows: To prove the self-consistency of all logic and mathematics by the use of a part of logic and mathematics.

Such was the state of science until 1930, when a young Viennese mathematician, Kurt Gödel, made a completely unexpected and most significant discovery. He solved the fundamental problem, but in a negative sense, for he proved metalogically by the use of only the theory of natural numbers that *the self-consistency of mathematics and logic cannot be proved by a part of mathematics and logic.*

Naturally, the question immediately arises whether this result is due to some flaw in the system of logical axioms, after the correction of which logic might be proved self-consistent. But this is not the case, since Gödel proved the following general theorem: *Any formal theory which contains the theory of the natural numbers cannot be proved self-consistent by means of principles which can possibly be expressed within the theory in question.* No matter how the system of logic is modified, provided it remains inclusive enough to serve as a foundation for the theory of the natural numbers, it still cannot be proved self-consistent by methods which can be expressed within the system. If there are added certain other metalogical methods of proof, which cannot be formulated within the logical-mathematical theory to be proved self-consistent, then the self-consistency of the theory under consideration can be proved; but then the methods of proof are [...] more inclusive than the theory whose self-consistency is to be demonstrated [...] What can be proved self-consistent by a portion of mathematics, is in general only a narrower or over-lapping portion of mathematics. In other words, *for the proof of the self-consistency of a portion of mathematics, in general a more inclusive portion of mathematics is necessary.*

This result is so fundamental that I should not be surprised if there were shortly to appear philosophically minded non-mathematicians who will say that they never had expected anything else. For it should be clear to a philosopher that a theory, the structure of which contains no superfluous constituents cannot be founded on one of its parts, etc., etc. But when such general principles are applied to metalogical problems, they turn out to be not only not self-evident but false. For example it can be proved from the axioms of the theory of real numbers, that, from the self-consistency of this theory, there follows the self-consistency of n-dimensional Euclidean and non-Euclidean geometry, although n-dimensional geometry includes the whole theory of the real numbers as a part, namely as its one-dimensional special case. On the other hand, Gödel's investigation shows, for example, that it cannot be proved from the axioms of the theory of natural numbers (first systematized by Peano) that the self-consistency of the theory or real numbers follows from the self-consistency of the theory of natural numbers. Similarly, it cannot be proved by certain parts of the theory of natural numbers that the self-consistency of the whole theory follows from the self-consistency of these parts. This contrast shows clearly that Gödel's discovery is not a self-evident remark based on general principles, but a profound mathematical theorem which needs proof and which he did prove [...]

Another illustration of the force of metamathematical methods is the second part of Gödel's discoveries. In order to explain this, it is necessary to digress. It was one of Euler's greatest discoveries that theorems concerning the natural numbers can also be proved by so-called transcendental methods – that is by the help of considerations which go beyond natural numbers and the principle of complete induction, in that they make use of the concepts of limit and continuity as well as of operations with arbitrary real numbers and functions. For example, the theorem (discovered by Fermat and proved by elementary means) that every prime number of the form $4n + 1$ can be expressed, and in one way only, as the sum of the squares of two natural numbers has also been proved by transcendental means. No matter how much Euler's discovery was admired (and a branch of mathematics, the so-called analytical theory of numbers, has developed out of it), there still persisted the faith that all theorems about natural numbers could be proved by elementary means. For even when elementary theorems were formulated for which only proofs by transcendental means were found, this fact was ascribed to the circumstance that elementary proofs for these theorems hat not yet been discovered. But Gödel has proved metamathematically that there are surely theorems and problems about the natural numbers which cannot be proved or decided by elemental methods [. . .]

Again this result is not a consequence of an imperfection of the special assumptions about the natural numbers. For Gödel proved the general theorem that *in every formal theory which includes the whole theory of the natural numbers there occur problems which cannot be decided within the theory in question.* Just as there are propositions about natural numbers which can be proved only by methods taken from the theory of real numbers, so there are propositions about real numbers which can be proved only by methods taken from the theory of sets of real numbers. And there are problems about sets of real numbers which can be solved only by assumptions about sets of higher power. In fact, in every formal theory including the whole theory of the natural numbers, there are statements *about natural numbers* which cannot be decided within the theory in question. In other words, a universal logic (such as Leibniz dreamed of) which, proceeding from certain principles, makes possible the decision of all conceivable questions, cannot exist.

Metamathematics is thus incapable of either proving the consistency of mathematics or developing decision procedures for all problems. But it would be a grave error to conclude that Hilbert's method has been unsuccessful. For it was metamathematics which besides yielding results of great intrinsic interest supplied Gödel with tools in his fundamental discoveries. In fact, metamathematics has so far proved to be the only way to deep insights into the foundations of logic and mathematics even though its application, particularly in Gödel's hands, has led to the destruction of some illusions [. . .]

Having understood that logic and mathematics are not unchangeable or unshakeable; [. . .] that, in other words, logic and mathematics exist under the signs of crisis and reconstruction as do the sciences – having understood all this one is bound to ask what is the upshot of all these vicissitudes.

What interests the mathematician and all that he does is to derive propositions by methods which can be chosen in various ways but must be listed, from initial propositions which can be chosen in various ways but must be listed. And to my mind all that mathematics and logic can say about this activity of mathematicians (which neither needs justification (Begründung) nor can be justified) lies in this simple statement of fact. Which initial propositions and methods of inference the mathematician and logician choose, and what the relation of these propositions and methods is to so-called reality and to an inner feeling of conviction (*Evidenzerlebnis*) – these and similar questions belong to other and less exact sciences.

This activity of the mathematician is not in general contradiction-proof. He is not sure that he has not enclosed Poincaré's wolf within his fence. But that Poincaré lays this situation to the mathematicians' charge is due to the fact that he demands from mathematics a certainty surpassing that of all other human activities not only in degree but in essence. For if a shepherd builds a large fence around his flock he actually lacks an absolute guarantee that no wolf is anywhere inside the fence. Of course he looks out for wolves; but one may be hidden somewhere and only later suddenly appear [. . .]

And even though mathematics has no logical safeguard against the occurrence of contradictions it has in recent years undergone developments of a splendor admired just by those who penetrate the deepest logical concerns. So if today we oppose to Poincaré's celebrated simile of the shepherd another allegory, then because of the insights of the new logic. Today's picture must be more modest with regard to the claims of mathematics; yet in view of the enormous successes of recent mathematics it may be free of pessimism. I would say: Mathematicians are like men who build houses – homes that are not only pleasant to live in but enable their inhabitants to do many things which a cave-dweller could never accomplish. Mathematicians are like men who build, although they are not sure that an earthquake will not destroy their buildings. Should that happen, then new constructions, if possible such as promise to be more resistant to earthquakes, will be erected. But men will never permanently decide to give up the building of houses with all their conveniences – the more so because absolute security against the effects of earthquakes is not to be obtained even by the inconvenient habit of living in caves. They will continue to elaborate their structures and to erect new ones.

The full text appears in K. Menger, Selected Papers on Foundations, Dicactics, Economics, Vienna Circle Collection 10, Reidel Publishing, Dordrecht 1979.

Danksagung

Dieses Buch entstand als Katalog der Ausstellung »Gödels Jahrhundert«.

Die entscheidende Anregung dazu verdanken wir der Sir John Templeton Foundation, die – auf Anregung von Anton Zeilinger – großzügig beschloss, eine Tagung aus Anlass des 100. Geburtstages von Kurt Gödel an der Universität Wien zu finanzieren. Der Internationalen Kurt Gödel Gesellschaft, und hier insbesondere Matthias Baaz, Georg Gottlob und Sy Friedman, muss gedankt werden für ihre Entscheidung, bei dieser Gelegenheit auch eine Ausstellung zum Leben und Werk von Kurt Gödel zu präsentieren. Herr Bundespräsident Heinz Fischer übernahm den Ehrenschutz.

Die Ausstellung wäre nicht möglich gewesen ohne die Unterstützung durch die Universität Wien und das Institute for Advanced Study in Princeton, den beiden Brennpunkten von Gödels beruflichem Leben. Wir danken dem Wiener Rektor Georg Winckler und dem Direktor des Institute for Advanced Study, Peter Goddard, für ihre persönliche Anteilnahme an dem Unternehmen.

Die Ausstellung wurde über die Österreichische Mathematische Gesellschaft in Zusammenarbeit mit der Magistratsabteilung 7 der Gemeinde Wien vorbereitet. Sie wurde finanziell großzügig unterstützt vom Bundesministerium für Bildung, Wissenschaft und Kunst, dem Bundesministerium für Verkehr, Innovation und Technik, dem Rat für Forschung und Technologie und der Industriellenvereinigung. Herrn Obersenatsrat HC Ehalt von der MA7, Ministerialrat Rupert Pichler vom BMVIT und Ministerialrat Daniel Weselka vom BMBWK sei an dieser Stelle herzlich gedankt, ebenso Herrn Mag. Neurath vom Rat für Forschung und Technologie und Herrn Dr. Oliva von der Industriellenvereinigung.

Für Ausstellungsmaterial danken wir dem Department of Rare Books and Special Collections, Princeton University Library, wo sich der Nachlass von Kurt Gödel befindet, dem Archiv des Institute for Advanced Study in Princeton (Historical Studies – Social Sciences Library), dem Archiv der Universität Wien, der Kurt Gödel Society, der Handschriftensammlung der Wiener Stadt- und Landesbibliothek, dem Getty-Archiv von Time & Life Pictures, der Bibliothek der Universität Wien, der Rare Book, Manuscript, and Special Collections Library, Duke University, Durham, dem Suhrkamp Verlag, der Carnap Collection, University of Pittsburgh Library, dem Bildarchiv der österreichischen Nationalbibliothek, dem Archiv des Instituts Wiener Kreis, der Zentralbibliothek für Physik und der Fachbibliothek für Mathematik der Universität Wien, dem Deutschen Museum München, dem Boerhave Museum in Leiden, dem Wiener Gesellschafts- und Wirtschaftsmuseum und dem Literaturarchiv in Marburg.

Wir danken für die Überlassung wertvollen Materials Richard Arens, Elizabeth Dunn, Marcia Tucker und Veronika Musner, Rosemary Gilmore, Dirk Lenstra und der Escher-Droste-Society, Margaret Verbakel und der Escher Society, Edwenna Werner und John Barkley Rosser jr., Andreas Fingernagel, Rosemary Gilmore, Johannes Wallner, Stéphane Natkin, Franz Alt, Manuel Wald, Walter Helly, Leopold Vietoris, Walter Thirring, Wolfgang Reiter, Monica Cliburn-Schlick, sowie Marlene Marschner von Time & Life Pictures.

Weiters danken wir für Rat und Unterstützung Helmut Veith und Anna Prianichnikova, Rudolf Taschner, Julia Danielczyk, Leopold Cornaro, Maria Jagons, Hans Ploss, Jakob Kellner, den unermüdlichen Gödelianern Peter Weibel und Werner Schimanovich, Hans Magnus Enzensberger, Hannelore Sexl, Judith und Josef Agassi, Hannelore Brandt, Karl Milford , Arnold Schmidt, Friedrich Stadler, Maria Elena Schimanovich-Galidescu, Christoph Strolz, Wilhelm Sigmund, Jürgen Richter-Gebert und Graham Tebb.

Ohne die Graphikerin Miriam Weigel wäre die Ausstellung nicht zustande gekommen.

Bildnachweise

Wir danken dem Department of Rare Books and Special Collections, Princeton University Library, für Bildmaterial auf den Seiten 16, 17, 18, 19, 22, 23, 26, 27, 28, 29, 30, 35, 37, 38, 40, 44, 45, 46, 48, 49, 50, 58, 60, 61, 62, 65, 66, 69, 70, 73, 76, 77, 81, 85, 89, 90, 91, 92, 94, 99, 100, 102, 110, 116, 121, 137, 148, 156, 158, 159, 174, 188, 195, 196, 197. Ebenso dem Archiv des Institute for Advanced Study in Princeton für Bildmaterial auf den Seiten 46, 59, 74, 75, 76, 77, 79, 80, 117, 145, 148, 151, 152, 175. In der Rare Book, Manuscript, and Special Collections Library der Duke University, Durham, findet sich Bildmaterial auf den Seiten 58, 78, 100, 101, 103, 104, 105, 133, 134, 147, 150, 160, 172, 190, 193 und in der Carnap Collection der Pittsburgh University die Tagebucheintragung auf S. 33. Aus der Österreichischen Nationalbibliothek und deren Bildarchiv stammen Abbildungen auf den Seiten 23, 27, 36, 78, 141, 145, 168, 182, 191. Vom Archiv der Universität Wien stammen Dokumente auf den Seiten 24, 28, 31, 41, 42, 51, 52, 53, 56, 57, 64, 67, 68, 71, 72, 82, 83, 84, 85, 112, 113, 114, 118, 119, 120, 132, 166, 169, 176, 177, von der Zentralbibliothek für Physik der Universität Wien Bildmaterial auf den Seiten 141, 142, 143, 181, und aus der Handschriftensammlung der Wiener Stadt- und Landesbibliothek die Briefe auf S. 36, 59, 86, 87, 88, 91, 92, 93, 95, 96, 97, 125, 136, 139, 144, 146, 149, 154, 156, 157, 161. Der Brief auf S. 165 stammt aus dem Boerhave Museum in Leiden. Frau Monica Cliburn-Schlick danken wir für Bilder auf S. 23, 183 und 185, Stéphane Natkin für das Bild auf S. 24, Franz Alt für die Bilder auf S. 54, 170 und 171, Manuel Wald für Bilder auf S. 172 und 173, John Todd für Bilder auf S. 173, 174, 175, Walter Helly für die auf S. 178, 179 und 180, dem Institut Wiener Kreis für das Bild auf S. 187, der Karl Popper Nachlassverwaltung und der Karl Popper Sammlung der Universität Klagenfurt für die Bilder auf S. 189, Werner Schimanovich für jenes auf S. 89, dem Suhrkamp Verlag für das Bild auf S. 194 und Richard Arens für das Einstein–Gödel Bild auf S. 138. Dem Time & Life Pictures Verlag (Getty Images) danken wir für die Rechte an den Bildern auf S. 81, 89 und 138 (von Mccombe) und auf S. 137 (von Eisenstaedt).

Literaturhinweise – *References*

Gödels Gesammelte Werke – *Collected Works*

Fefferman, S., J. Dawson, S. Kleene, G. Moore, R. Solovay, J. van Heijenoort (eds), Kurt Gödel: Collected Works Vol. I–V, Oxford University Press, New York, 1986–2003

Bücher über Kurt Gödel – *Books on Kurt Gödel*

Buldt, B. et al (eds) (2002) Kurt Gödel – Wahrheit und Beweisbarkeit, Dokumente und historische Analysen, Hölder-Pichler-Tempsky, Wien

Cassou-Noguès, P. (2004) Gödel, Raspail, Paris

Casti, J. and DePauli, W. (2000) Gödel: a life of logic, Perseus Publishing, Cambridge, Mass

Dawson, J. (1997) Logical Dilemmas: the life and work of Kurt Gödel, Peters, Mass

Delessert, A. (2000) Gödel: Une révolution en mathématiques, Presses polytechniques et universitaires romandes, Lausanne

DePauli-Schimanovich, W. and Weibel, P. (1997) Kurt Gödel: ein mathematischer Mythos, Hölder-Pichler-Tempsky, Wien

Fitting, M. (2002) Types, Tableaus, and Gödel's God, Kluwer, Dordrecht

Franzen, T. (2005) Gödel's Theorem: an incomplete guide of its use and abuse, A. K. Peters, Mass.

Goldstein, R. (2005) Incompleteness: the proof and paradox of Kurt Gödel, Norton, New York

Guerrerio, G. (2001) Gödel: Logische Paradoxien und mathematische Wahrheit, Spektrum der Wissenschaft Verlag, Heidelberg

Hintikka, J. (1999) On Gödel. Wadsworth, Belmont (Calif.)

Hofstadter, D. R. (1979) Gödel-Escher-Bach, an eternal golden braid, Basic Books, New York

Köhler, E. et al (eds) (2002) Kurt Gödel - Wahrheit und Beweisbarkeit, Kompendium zum Werk, Hölder-Pichler-Tempsky, Wien

Nagel, E. and Newman, J. (1959, reprinted 2005) Gödel's Proof, Routledge, New York

Penrose, R. (1989) The Emperors New Mind, Penguin, New York

Penrose, R. (1994) Shadows of the mind, Oxford UP, Oxford

Smullyan, R. (1992) Gödel's Incompleteness Theorem, Oxford UP, New York

Wang, Hao (1987) Reflections on Kurt Gödel, MIT Press, Cambridge, Mass

Wang, Hao (1996) A logical journey. From Gödel to Philosophy, MIT Press, Cambridge, Mass

Yourgrau, P. (1991) The disappearance of Time. Kurt Gödel and the idealistic Tradition in Philosophy, Cambridge UP

Yourgrau, P. (1999) Gödel meets Einstein. Time Travel in the Gödel Universes, Open Court, Chicago

Yourgrau, P. (2004) A world without time: the forgotten legacy of Gödel and Einstein, Basic Books, New York, translated as: Yourgrau, P. (2005) Gödel, Einstein und die Folgen, Beck, München

Weitere Literatur – *Further readings*

Albers, D. et al (eds) (1987) International Mathematical Congresses, Springer New York

Alt, F. (1998), Afterword to Karl Menger, Ergebnisse eines mathematischen Kolloquiums, E. Dierker and K. Sigmund (eds), Springer Wien

Boolos, G. (1989) A new proof of the Gödel incompleteness theorem, Notices AMS 36, 388–390

Carnap, R. (1963), Intellectual autobiography, in P.A. Schilpp, ed, The Philosophy of Rudolf Carnap, Library ofLiving Philosophers 11, Open Court, LaSalle, 3-84

Chaitin, G.J. (1999) The unknowable, Springer, Singapore

Christian, C. (1980) Nachruf auf Kurt Gödel, Monatshefte für Mathematik 89, 261–273

Corino, C. (1988) Robert Musil, Rowohlt, Reinbek

Davis, M. (2000) The universal computer: the road from Leibniz to Turing, Norton, New York

Dawson, J. (2002), Max Dehn, Kurt Gödel, and the trans-Siberian escape route, Notices of the American Mathematical Society 49, 1068–1075.

Dresden, A. (1942) The migration of mathematicians, Amer. Math. Monthly 49, 415–429

Du Sautoy, M. (2003) The music of the primes, Harper Collins, London

Feferman, S. (1984) Kurt Gödel: conviction and caution, Philosophia Naturalis 21, 546–562

Feferman, S. (1986) Gödel's life and work, in Feferman et al (eds) Gödel's Collected Works, Vol I, 1–36

Feferman, S. (1996) In the light of logic, Oxford UP, New York

Feferman, A.S. and Feferman, S. (2004) Alfred Tarski: Life and Logic, Cambridge UP

Feigl, H (1969), Der Wiener Kreis in Amerika, in D. Fleming and B. Bailyn (eds) The intellectual migration. Europe and America, 1930-1960, Belknap, Cambridge, Mass. 630–673

Geier, M. (1992) Der Wiener Kreis. Rowohlt, Reinbek

Golland, L. and Sigmund K., (2000) Exact Thought in a Demented Time – Karl Menger and his Viennese Mathematical Colloqium, Mathematical Intelligencer 22, 34–45

Hacohen, M.H. (2000) Karl Popper 1902–1945: the formative years, Cambridge, UP

Halmos, P.A. (1988) I want to be a mathematician: an automathography in three parts, New York

Hahn, H. (1988) Empirismus, Logik, Mathematik, Suhrkamp, Frankfurt a.M.

Helmberg, G. and Sigmund, K. (1996), Nestor of Mathematicians: Leopold Vietoris turns 105, Mathematical Intelligencer 18, 47–50

Hilbert, D. und W. Ackermann (1928) Grundzüge der theoretischen Logik, Springer Berlin

Hodges, A. (1983) Alan Turing: the enigma, Simon and Schuster, New York

Johnston, W. M. (1972) The Austrian Mind, Univ. of California Press, Los Angeles

Kreisel, G. (1980) Kurt Gödel, Biographical Memoirs of Fellows of the Royal Society 26, 148–224

Leonard, R. J. (1998) Ethics and the Excluded Middle: Karl Menger and Social Science in Interwar Vienna, Isis 89, 1–26

Lucas, J. R. (1961) Minds, machines, and Gödel, Philosophy 36, 112–127

Luchins, E. H. (1987) Olga Taussky-Todd, in L.S. Grinstein and P.J. Campbell (eds.) Women of Mathematics, Greenwood Press, New York, 225–235

Luchins, E. H. and M. A. McLoughlin (1996) In memoriam Olga Taussky-Todd, Notices AMS 438–447

Lützeler, P. M. (1985) Hermann Broch, Suhrkamp, Frankfurt a. M.

Menger, K. (1952) The formative years of Abraham Wald and his work in Geometry, Annals Math. Statistics 23, 14–20

Menger, K. (1972) Österreichischer Marginalismus und mathematische Ökonomie, Zeitschrift für Nationalökonomie 32, 14–20

Menger, K. (1994) Reminiscences of the Vienna Circle and the Mathematical Colloquium, Kluwer

Monk, R. (1990) Ludwig Wittgenstein: the duty of genius, Free Press, New York

Pinl, M. und A. Dick (1974) Kollegen in einer dunklen Zeit, Jahresber. DMV 75, 166–208, Nachtrag und Berichtigungen Jahresbericht DMV 77 (1976) 161–164

Popper, K. (1992) Unended Quest, Routledge

Popper, K. (1995) Hans Hahn – Erinnerungen eines dankbaren Schülers, in Hans Hahn, Gesammelte Werke (eds. L. Schmetterer and K. Sigmund) Springer, Vienna

Quine, W. van Orman (1985) The time of my life, MIT Press, Cambridge, MA

Radon, J. (1949) Nachruf auf Walther Mayer, Monatshefte für Mathematik 53, 1–4

Regis, E. (1987) Who got Einsteins office? Addison-Wesley, Reading, Mass. Translated as Regis, E. (1989) Einstein, Gödel und Co: Genialität und Exzentrik – die Princeton-Geschichte, Basel

Reid, C. (1970), Hilbert, Springer, New York

Rucker, R. (1987) Mind Tools, Houghton Mifflin

Rucker, R. (1995) Infinity and the Mind, Princeton UP, Princeton

Siegmund-Schultze, R. (2002) Mathematiker auf der Flucht vor Hitler, Vieweg

Siegmund-Schultze, R. (2006) Richard von Mises, to appear

Sigmund, K. (1995) A Philosopher's Mathematician – Hans Hahn and the Vienna Circle, Mathematical Intelligencer 17, 16–29.

Sigmund, K. (1997) Musil, Perutz, Broch – Mathematik und die Wiener Literaten, Internationale Mathematischen Nachrichten, 175, 46–52

Sigmund, K. (1998) Menger's Ergebnisse – A Biographical Introduction, Karl Menger - Ergebnisse eines Mathematischen Kolloquiums, (ed. E. Dierker, K. Sigmund), Springer Verlag Wien, (1998), 5–31

Sigmund, K. (2002) Karl Menger and Vienna's Golden Autumn, in Karl Menger, Selecta Mathematica I (eds. Schweizer et al) Springer Wien-New York 2002. 7–21

Sigmund, K. (2004) Failing Phoenix: Tauber, Helly, and Viennese Life Insurance, Mathematical Intelligencer 26, 21–33

Sigmund, K. (2006) Pictures at an exhibition, Notices AMS 53, 426–430

Stadler, F. (2001) The Vienna Circle, Springer Wien, New York

Stadler, F. (Hg) (2004) Vertriebene Vernunft I,II, Emigration und Exil österreichischer Wissenschaft 1930–940 LitVerlag, Münster

Stewart, I. (1987) The problems of mathematics, Oxford UP

Takeuti, G. (1998) Memoirs of a proof theorist. Gödel and other logicians (translation from Japanese in 1998).

Taschner, R. (2002) Musil, Gödel, Wittgenstein und das Unendliche, Picus, Wien

Taschner, R. (2004) Der Zahlen gigantische Schatten, Vieweg, Wiesbaden

Taschner, R. (2005) Das Unendliche: Mathematiker ringen um einen Begriff, Springer

Taussky-Todd, O. (1985) An autobiographical essay, in D. J. Albers and G. L. Alexanderson (eds), Mathematical People, Birkhäuser, Boston, 309–336

Taussky-Todd, O. (1987), Remembrances of Kurt Gödel, Gödel remembered: Salzburg, 10–12 July 1983 (Naples), 29–41.

Van Atten, M. and Kennedy, J. (2003) Gödel's philosophical developments, The bulletin of symbolic logic 9, 470–492

Van Heijenoort, J. (ed) (2002) From Frege to Gödel. A source book in Mathematical Logic 1897–1931, Harvard UP

Wolenski, J. and Köhler, E. (eds) (1999) Alfred Tarski and the Vienna Circle, Kluwer, Dordrecht

Yandell, B. (2002) The honors class: Hilbert's problems and their solvers, Natick, Mass

See also

Jahrbuch der Kurt Gödel Gesellschaft (formerly Collegium Logicum)
see http://www.logic.at/kgs/home.html